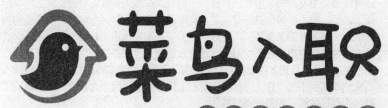

菜鸟入职

与快速提升系列

建筑工程造价
快速上手与提升

张永君 主编

中国电力出版社
CHINA ELECTRIC POWER PRESS

内 容 简 介

本书根据建筑工程造价的特点，以职场新人的角度介绍刚入职的建筑工程造价人员需要掌握的基本技能和日后所需提高的能力。首先对建筑从业环境进行了剖析，对不同岗位的晋升做了一定阶段的分析，尽可能地帮助刚毕业的新人快速了解所处的工作环境，并对自己的职业发展做出正确的规划。在工程造价方法与应用方面，将不同的工程造价技能分为"必备技能"和"提升技能"两个层级，从而让读者能够根据自己的工作积累，快速掌握最基础的相关技能，尽快地开展手头的工作，同时对今后的工作需要掌握的能力也有一个大概的了解，为自己的进一步提升做好准备。

本书内容简明实用、图文并茂，适用性和实际操作性较强，可作为建筑工程预算人员和管理人员的参考用书，也可作为土建类相关专业大中专院校师生的参考教材。

图书在版编目（CIP）数据

建筑工程造价快速上手与提升 / 张永君主编. —北京：中国电力出版社，2017.1

（菜鸟入职与快速提升系列）

ISBN 978-7-5123-9906-8

Ⅰ．①建… Ⅱ．①张… Ⅲ．①建筑工程–工程造价–基本知识 Ⅳ．①TU723.3

中国版本图书馆 CIP 数据核字（2016）第 251862 号

中国电力出版社出版发行

北京市东城区北京站西街 19 号　100005　http://www.cepp.sgcc.com.cn

责任编辑：杨淑玲　　责任印制：蔺义舟　　责任校对：马　宁

北京市同江印刷厂印刷·各地新华书店经售

2017 年 1 月第 1 版·第 1 次印刷

850mm×1168mm　1/32·7.875 印张·191 千字

定价：38.00 元

前　言

不少刚毕业的大学生，顶着高学历的光环进入施工企业，却往往被贴上"什么都不会""什么都干不了"的标签，这也是大多数刚入职的建筑业新人所面临的第一个"槛"。要想尽快跨过这道门槛，就要尽可能地早上手现场工作，摆脱"菜鸟"头衔。同时，刚进入建筑业的新人，对不同的岗位缺乏了解，也不知道不同岗位的晋升通道与特点，基本上都是领导安排做什么就干什么，从一开始就输在了起跑线上。

本书正是针对这两个问题，让"菜鸟"们知道不同的岗位是干什么的，如何在最短的时间内，上手基础性工作，不同岗位的晋升通道有何微妙之处，对于自己今后的发展有何影响，尽可能地主动选择自己的岗位。全书对建筑施工企业的基本构成单位——项目部中不同岗位的性质、职能、发展方向做了概要的说明，在具体造价技能上，介绍了哪些是一开始必须掌握的，哪些是可以后期再慢慢学习的，从而让读者在了解岗位职责的基础上尽快开展工作。

本书首先介绍了建筑施工职业环境和不同岗位的晋升路径，其次介绍了建筑工程的划分和各分部分项工程的施工基础要求，然后介绍了建筑"菜鸟"们所必须掌握的识图技能，最后对于建筑工程造价各种技能进行了详细的讲解，同时，对这些技能进行了划分。书中配以与之内容相关的实例计算和示意图，还在算量章节讲解中加入了计算实例。

参与本书编写的人有刘向宇、安平、陈建华、陈宏、蔡志宏、邓毅丰、邓丽娜、黄肖、黄华、何志勇、郝鹏、李卫、林艳云、李广、李锋、李保华、刘团团、李小丽、李四磊、刘杰、刘彦萍、刘伟、刘全、梁越、马元、孙银青、王军、王力宇、王广洋、许静、谢永亮、肖冠军、于兆山、张志贵、张蕾。

　　本书在编写过程中参考了有关文献和一些项目施工管理经验性文件，并且得到了许多专家和相关单位的关心与大力支持，在此表示衷心的感谢。由于编写时间和水平有限，尽管编者尽心尽力，反复推敲核实，但书中难免有疏漏及不妥之处，恳请广大读者批评指正，以便做进一步的修改和完善。

编　者
2016 年 8 月

目　录

前言

第一章

职场环境剖析与职业规划

第一节　职场环境剖析

一、建筑施工企业

1. 施工企业组织管理机构

施工企业组织管理机构与企业性质、施工资质及企业的经营规模有密切关系。比较常见的施工企业组织管理机构如图 1-1 所示。

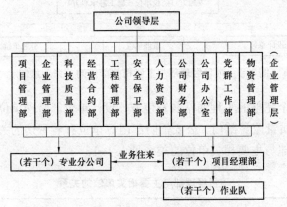

图 1-1　施工企业组织管理机构示意图

2. 项目经理部组织管理机构

项目经理部是施工企业为了完成某项建设工程施工任务而

设立的组织。由项目经理在企业的支持下组建并领导、进行项目管理的组织机构。比较常见的项目经理部组织机构如图 1-2 所示。

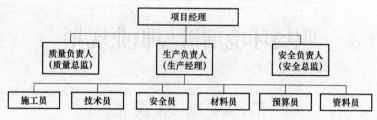

图 1-2　项目经理部组织机构示意图

3. 项目经理部与主要相关单位的关系

项目经理部与主要相关单位的关系示意图如图 1-3 所示。

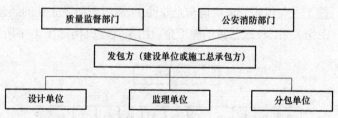

图 1-3　项目经理部与主要相关单位的关系示意图

一个完整的工程通常与发包方、设计单位、监理单位、分包单位、质量监督部门、公安消防部门等单位有着密切的关联，项目经理部与主要相关单位的关系见表 1-1。

表 1-1　　　　　项目经理部与主要相关单位的关系

单位	业　务　关　系
发包方	发包方代表建设单位或施工总承包方，与项目经理部的关系非常密切。从投标开始，经过施工准备、施工中的检查与验收、进度款支付、工程变更、进度协调，到竣工验收。两者之间的工作主要是洽谈、签订和履行合同

单位	业 务 关 系
设计单位	施工准备阶段设计单位进行设计交底。设计图纸交底前，项目经理部组织专业人员审图，在充分了解设计意图的基础上，根据施工经验提出改进措施。图纸会审时应做好书面记录，并经监理（建设）、施工、设计各方签字，形成有效记录。 在施工过程中，一般按图施工。当图纸存在问题导致现场无法施工时，应向设计单位提出自己的修改建议，与有关专业设计人员进行协商，办理变更洽商，保证施工的顺利进行
监理单位	项目经理部与监理单位在工程项目施工活动中，两者相互协作。在施工过程中，监理单位代表建设单位对工程进行全面监督。监督在建设单位的授权下，具有对质量、工期、付款的确认权与否决权。监理单位与施工项目经理部存在监理与被监理的关系。而施工方应接受监理单位并为其工作提供方便
分包单位	项目经理部要掌握分包单位的资质等级、机构、人员素质、生产技术水平、工作业绩、协作情况。必要时进行实地考察，充分了解各分包单位的情况。 负责对分包单位进行管理，保证施工安全、施工质量和施工进度协调各分包单位之间的合理工作关系
质量监督部门	质量监督部门由政府授权，代表政府对工程质量进行监督，依据有关国家（地方）规范、标准对质量进行把关，监督部门可随时对工程质量进行抽检
公安消防部门	施工项目开工前必须向公安消防部门申报。由公安消防部门核发施工现场消防安全许可证后方可施工。 施工期间，工程消防设施应当按照有关设计及施工规范进行施工，并接受公安消防部门的检查。 工程完工后，应由公安消防部门进行消防设施的竣工验收。验收合格后才能交付使用

二、造价员的岗位职责与主要工作内容

1. 造价员的岗位职责

造价员的主要岗位职责涉及的内容十分广泛，如工程招投标过程中的工程量计算、编制招投标书、工程施工过程中的变更工程量计算、工程结束后的决算等都需要造价员的参与。作为一个优秀的造价员最主要的是专业过关，能熟悉图纸，对现行的价目表、综合及各种定额、建材的价格必须熟悉。另外，对工程量的

计算公式、工程的结构做法、隐蔽工程、变更等专业要熟悉运用，分析材料及计算工程材料；对定额中的子目，套项熟悉，能够与甲方、监理、审计等部门进行沟通；投标时能够综合地掌握对工程的概算及投标的规则；决算不漏项，如何在工程量、取费、子目等方面的控制最为关键。同时，还要掌握相关专业的知识，如审计、会计、材料、设计等方面，要求能力比较全面。

造价员是项目经理部中最主要的基层管理人员之一。其工作几乎涉及项目经济管理的全部内容，在项目成本控制方面起着非常重要的作用。

造价员的主要职责如下：

（1）能够熟悉掌握国家的法律法规及有关工程造价的管理规定，精通本专业理论知识，熟悉工程图纸，掌握工程预算定额及有关政策规定，为正确编制和审核预算奠定基础。

（2）负责审查施工图纸，参加图纸会审和技术交底，依据其记录进行预算调整。

（3）协助领导做好工程项目的立项申报、组织招投标、开工前的报批及竣工后的验收工作。

（4）工程竣工验收后，及时进行竣工工程的决算工作，并报处长签字认可。

（5）参与采购工程材料和设备，负责工程材料分析，复核材料价差，搜集和掌握技术变更、材料代换记录，并随时做好造价测算，为领导决策提供科学依据。

（6）全面掌握施工合同条款，深入现场了解施工情况，为决算复核工作打好基础。

（7）工程决算后，要将工程决算送交审计部门，以便进行审计。

（8）完成工程造价的经济分析，及时完成工程决算资料的归档。

（9）协助编制基本建设计划和调整计划，了解基建计划的执行情况。

2. 造价员的主要工作内容

造价员的工作贯穿在整个建设项目的开始到结束，工作内容涉及项目管理工作的多个方面，这些方面的工作是相互关联、相互交叉、循环进行的。

造价员的主要工作内容如图 1–4 所示。

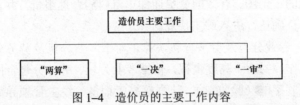

图 1–4　造价员的主要工作内容

（1）"两算"的主要内容。

1）测算：对于固定合同总结及平方米数包干的工程项目。只要时间、造价员人力资源允许，在接到工程项目施工图纸后，应认真编制施工图预算，结合工程部的施工组织方案、现行的市场材料价格信息、市场人工费信息等做出成本测算，为领导正确的决策提供有价值的参考依据。

2）施工图预算：项目在开工前要依据施工图纸、合同及其他行管资料做出施工图预算（如开工前没有足够时间，在开工后的短时间内也要及时补做施工图预算），预算工程数量要准确，结合施工组织设计方案套用相应的定额项目，根据定额分析出材料、人工、机械等的用量，用于施工过程中材料、人工、机械费的控制。

（2）"一决"的主要内容。"一决"包含两个部分的内容，一是建设单位竣工决算，二是专业分包及劳务分包决算。

1）建设单位竣工决算。对于建设单位平方米包干竣工决算，按施工协议、补充协议及其他相关结算材料的规定认真核算工程量，审核定稿报部门主管、项目经理审核确认无误并签字，方能报建设单位。

对于建设单位定额结算的项目，造价员依据现场技术人员提供完整的竣工图、有效的变更通知单、现场签证单、经过审批合格的施工组织方案、施工协议等内容编制竣工决算。造价员要经常和施工技术人员沟通，密切配合，做到不丢项、漏项。

对于建设单位清单结算的项目，造价员依据现场技术人员提供完整的竣工图、有效的变更通知单资料的合理组价，并及时报建设单位确认，进入竣工决算。

2）专业分包及劳务分包决算。对于专业分包及劳务分包决算的工作，要给予高度重视，依据专业分包、劳务分包合同及项目经理签字的（验收单），认真核算工程量，经主管领导审核无误并签字后方能拨付工程款。

（3）"一审"的主要内容。"一审"即审计，主要面对建设单位定额决算、清单决算项目审计，对已报审审计的工程，造价员要本着为公司谋取最大利润的宗旨，有理有据、据理力争，对建设单位、监理公司、审计单位不卑、不屈、不让，既能体现出公司的形象和造价员的自身素质，又能维护己方的利益。

第二节 职 场 规 划

一、晋升之路

对于一个建筑行业的菜鸟来说，刚从校园进入企业，都将面临到基层工地去锻炼的问题，刚开始到工地的时候可能会对周围的一切事物感到新鲜与好奇，然而经过一段时间的工作和学习以后，相当一部分人就会感觉比较迷茫。由于企业的工作安排和需要，初入职场的菜鸟可能会被安排担任造价员。大部分职场菜鸟都会觉得造价员这个岗位就是管理财务和计算工程量，其实造价员负责的内容是十分全面的，所以对于初入职场的菜鸟来说，要想成为一个优秀的造价员或长期在工程造价方面发展，就一定要结合自身的性格、爱好等因素对自己未来职场道路进行合理的规划。下面我们对造价员这个岗位的阶段性职场道路发展进行详细的剖析。

菜鸟造价员的阶段性职场晋升道路一般分为三层，并可做成金字塔的形状，如图1-5所示。

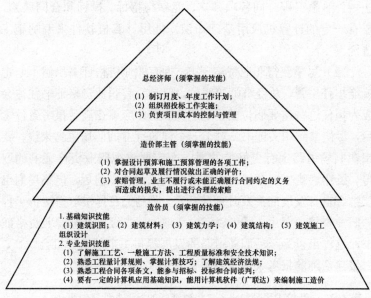

图1-5 菜鸟造价员的阶段性职场晋升道路

造价师与造价员的区别见表1-2。

表1-2 造价师与造价员区别

相 同 点	不 同 点
（1）同一行业内的从业资质； （2）工作内容都是顶结算编制、审核工作	（1）级别差异。造价师代表更高一级的资质； （2）工作权限差异。造价员只能编制不能审核，也就说没有审核的权利，而造价师可以； （3）资质使用范围差异。造价员资质全国范围内通用，而造价员受区域限制

二、基础准备

（1）技术技能储备。造价员的技术技能储备：对于一个合格的施工员来说，首先应掌握每道工序的施工顺序，在此基础上还应对施工工艺的具体做法有着清晰的认知，进场材料性能及验收、熟悉工程量计算规则、掌握计算技巧，了解建筑经济法规，熟悉工程合同各项条文，能参与招标、投标和合同谈判，要有一定的计算机应用基础知识，能用计算机软件来编制施工造价。

（2）尽早获得职业资格证书。拥有职业资格证书虽然不一定就能担任主管、总经济师等职位，但是没有职业资格证书往往会成为担任这些重要职位的不利因素，因此应该在满足报考条件之后，尽快拿到相关证书。对于一个建筑行业的职场菜鸟来说，要想在职场道路上有更好的发展，一定要重视职业资格证书的取得。虽然这些事情对初入职场的菜鸟来说有点遥远，但菜鸟们也要结合自身发展的需要时刻准备着，菜鸟们在尽快取得造价工程师职业资格证书后，还可以考虑考取一、二级建造师职业资格证书，这样可以为今后职业道路的发展提供更多的选择机会。一、二级建造师的报考条件及时限见表1-3。

表1-3　造价工程师和一、二级建造师的报考条件及时限

	内　容
	造价工程师
报考条件及时限	（1）工程造价专业大专毕业后，从事工程造价业务工作满5年；工程或工程经济类大专毕业后，从事工程造价业务工作满6年； （2）工程造价专业本科毕业后，从事工程造价业务工作满4年；工程或工程经济类本科毕业后，从事工程造价业务工作满5年； （3）获上述专业第二学士学位或研究生班毕业和取得硕士学位后，从事工程造价业务工作满3年； （4）获上述专业博士学位后，从事工程造价业务工作满2年

内　容	
	一级建造师
报考条件 及时限	凡遵守国家法律、法规，具备以下条件之一者，可以申请参加一级建造师执业资格考试： 　（1）取得工程类或工程经济类大学专科学历，工作满 6 年，其中从事建设工程项目施工管理工作满 4 年； 　（2）取得工程类或工程经济类大学本科学历，工作满 4 年，其中从事建设工程项目施工管理工作满 3 年； 　（3）取得工程类或工程经济类双学士学位或研究生班毕业，工作满 3 年，其中从事建设工程项目施工管理工作满 2 年； 　（4）取得工程类或工程经济类硕士学位，工作满 2 年，其中从事建设工程项目施工管理工作满 1 年； 　（5）取得工程类或工程经济类博士学位，从事建设工程项目施工管理工作满 1 年
	二级建造师
报考条件 及时限	凡遵纪守法，具备工程类或工程经济类中等专科以上学历并从事建设工程项目施工管理工作满 2 年的人员，可报名参加二级建造师执业资格考试

　　（3）认真对待职称评定。有些刚入行的菜鸟对于职称评定一事从不放在心上，总觉得自己有能力就行，职称可有可无。与职业资格证书一样，拥有高级职称并不一定能够担任高级职务，但是在公司选拔人才的时候，职称也是一个重要的基础条件。尤其是在大家各方面都差不多的时候，如果有职称，肯定会对自己的晋升提供一定的砝码。职称的评定如图 1-6 所示，职称评定的条件见表 1-4。

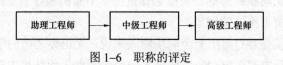

图 1-6　职称的评定

表 1-4 职称评定的条件

职称	评 定 条 件
助理工程师 （初级职称）	（1）大学本科毕业后从事本工作满 1 年以上； （2）大学专科毕业后从事本专业工作满 2 年以上
中级工程师 （中级职称）	（1）大学本科毕业，从事专业技术工作 5 年以上； （2）大学专科毕业，从事专业技术工作 6 年以上
高级工程师 （高级职称）	（1）大学本科毕业后，取得中级职务任职资格，并从事中级职务工作 5 年以上； （2）参加工作后取得本专业或相近专业的大学本科学历，从事本专业技术工作 10 年以上，取得中级职务任职资格 5 年以上

三、良好的人际关系助力职场晋升

对于绝大多数职场人来说，日常与同事相处的时间最为漫长，因此，同事关系融洽与否，是衡量职场幸福指数的重要指标。如何处理好与同事及领导之间的关系，树立正确的交往心态，是每位职场新人的必修课。

1. 态度积极，谦虚好学

对于一个职场新人来说，刚刚进入自己工作岗位的时候，往往对周围的一切事物都会感到十分的好奇。由于现在的职场新人一般都是科班出身（或研究生），当他们进入工作岗位、经过一段时间的了解后会发现周围的很多同事或直接领导的学历都不如自己，有些职场新人可能心里会有一些小骄傲、小满足，觉得那些老员工的能力不如自己。一些职场新人刚来到进入岗位的时候，可能会被安排做一些办公室的琐碎小事（如打扫办公室的卫生、更换桶装水等），一些职场新人面对这种事情的时候往往会随着对职场新鲜感的消失而选择抗拒、不服从领导的安排，这样会给人留下不好的印象。

经验指导：对于一个职场新人来说，无论你之前的学历多么出色、能力多么出众，当你进入一个全新的工作环境中时，你要学会"忘记原来的自己、打造全新的自我"。在建筑行业中，任何人都会是你的老师，不要拿自身的在校经历当资本、因为在这里你就是一个"零"，刚刚进入建筑行业的你千万别看不起你周围的那些"老师傅"。例如，当你当来到工地时，你可能连钢筋是如何加工、安装的都不懂，然而这些内容对于那些"老师傅"来说真的是轻车熟路了，他们可能看一遍图纸就会在他们的脑海中出现整个楼层所用钢筋的大概数量。

所以，初入职场的你对待任何事情都要有着积极的态度，不要眼高手低，要做到谦虚好学，这样你就会慢慢地给周围的人留下良好的印象，他们对于你提出的问题也会认真帮忙解答，这有利于工作经验的积累。

2. 与人交谈，注意技巧

无论在生活还是工作中，与人交谈是避免不了的一个事情。然而，有些人说话会让人心中为之一暖，有的人说话却让人十分的反感，这就要求我们在与他人交谈时要注意说话的技巧。在建筑行业中的菜鸟们一定会面临这样一个问题：在面对那些岁数较大的同事或稍比自己大一些的同事时，不知该如何称呼，其实在建筑行业中人们都是有职称的，可以直接叫他们的职称（如刘工、王工等）。在工作时，如果和周围的同事不熟悉，不要直接询问其家事（如老家在哪里、家里有几口人等），时间长了，如果你的同事觉得和你的关系到了一定的地步，他也会主动向你提及的；否则会让人觉得你很冒失。

经验指导：在与人交谈时，一定要注意说话的技巧，和人交谈首先要观察他人的心情如何，如果同事的心情比较好，你可以和他开一些小玩笑，问问什么事情令他如此高兴；如果同事的心情不好，你就应该注意你说话的态度和语气，可用一种关心的语气与同事交谈。

如果能够快速地掌握与他们说话的技巧，必定会对你今后工作的开展有着极大的帮助。

3. 少发意见，多学本领

当你在建筑行业工作一段时间以后，你会慢慢地发现一个规律：这个行业的人大部分都是"急性子""大嗓门"。当你周围的同事因为工作中的一些工作意见在争吵的时候，你不要对他们任意一方的观点发表意见，你只需默默地劝解即可。因为你一旦发表了自己的观点以后，无论你说得对与否，都会让一方感到反感。

经验指导：在同事所说的事情意见不统一的时候，你不要轻易地发表自己的意见，默默地聆听即可，保持着一个"中庸"的态度，因为初入职场的你还没有能力去评价一个意见的对否，虽然不发表意见，但也应对双方的意见进行分析，总结出哪些东西是值得自己去学习和注意的，这样不仅会给同事留下一个好的印象，还有利于你快速地吸取经验和不足，不断地提升自身本领和技能。

4. 接受建议，良好定位

当你在建筑行业工作一段时间以后，可能会因为一些工作或生活等方面的事情而受到领导的批评或建议。在你的直接或有关领导对你进行批评或建议的时候，切记不要直接顶撞领导，也不要置之不理，一定要保持着虚心接受的态度，若并非你自身的原因，可事后再与领导进行沟通；否则会给领导留下"不服从管理"的印象。在工作一段时间以后，一定要对自身有着良好的定位，明确自身的不足，日后有哪些需要弥补的地方。

经验指导：当有人对于你做出批评或建议的时候，一定要先从自身找原因，找出问题的关键所在，以便不断地弥补和改进，不要对于他人的建议或批评置之不理，这样会给人一种"好赖不知"的感觉。对于那些性格较为内向的菜鸟来说，不要因为受到了领导的批评以后就做事缩手缩脚，一定要在不断提升自我的同时勇敢地迈步，给人以一种"后生可畏"的感觉。

第 二 章

建筑工程的划分及计价方法

第一节　建筑工程的划分

一、建设项目

建设项目是指具有一个设计任务书和总体设计，经济上实行独立核算，管理上具有独立组织形式的工程建设项目。一个建设项目往往由一个或几个单项工程组成。

二、单项工程

单相工程是指在一个建设项目中具有独立的设计文件，建成后能够独立发挥生产能力或工程效益的工程。它是工程建设项目的组成部分，应单独编制工程概预算。

三、单位工程

具备独立施工条件并能形成独立使用功能的建筑物和构筑物为一个单位工程。通常，将结构独立的主体建筑、室外建筑黄精和室外安装称为单位工程。

四、分项工程

对于分部（子分部）工程，应按主要工种、材料施工工艺、设备类别等划分为若干个分项工程。

五、分部工程

对于单位（子单位）工程，按建筑部位或专业性质划分为若干个分部工程。建筑工程通常划分为地基与基础、主体结构、建筑装饰装修、建筑屋面、建筑给排水及采暖、建筑电气、智能建筑、通风与空调、电梯 9 个分部工程。

第二节　建筑工程的计价方法

一、建筑工程定额计价

建筑工程定额是指在正常的施工条件下完成单位合格建筑产品所必须消耗的人工、材料、机械台班和资金的数量标准。这种量的规定，反映出完成建筑工程中某项产品与生产消耗之间特定的数量关系；也反映了在一定社会生产力水平的条件下建筑工程施工的管理水平和技术水平。

建筑工程定额是建筑工程诸多定额中的一类，属于固定资产再生产过程中的生产消费定额。定额除规定资源和资金消耗数量标准外，还规定了其应完成的产品规格或工作内容，以及所要达到的质量标准和安全要求。

1. 建筑工程定额的作用

建筑工程定额的作用如图 2-1 所示。

图 2-1　建筑工程定额的作用

（1）计划管理的重要基础。建筑安装企业在计划管理中，为了组织和管理施工生产活动，必须编制各种计划，而计划的编制应依据各种定额和指标来计算人力、物力、财力等需用量，因此定额是计划管理的重要基础，是编制工程施工计划组织和管理的依据。

（2）提高劳动生产率的重要手段。施工企业要提高劳动生产率，除了加强政治思想工作、提高群众积极性外，还要贯彻执行现行定额，把企业提高劳动生产率的任务具体落实到每个工人身上。促使他们采用新技术和新工艺，改进操作方法，改善劳动组织，减小劳动强度。使用更少的劳动量创造更多的产品，从而提高劳动生产率。

（3）衡量设计方案的尺度和确定工程造价的依据。同一工程项目投资的多少，是使用定额和指标，对不同设计方案进行技术经济分析与比较之后确定的，因此定额是衡量设计方案经济合理性的尺度。

工程造价是根据设计规定的工程标准和工程数量，并依据定额指标规定的劳动力、材料、机械台班数量，单位价值和各种费用标准来确定的，因此定额是确定工程造价的依据。

（4）推行经济责任制的重要环节。推行的投资包干和以招标承包为核心的经济责任制，其中签订投资包干协议，计算招标标底和投标标价，签订总包和分包合同协议，以及企业内部实行适合各自特点的各种形式的承包责任制等，都必须以各种定额为主要依据，因此定额是推行经济责任制的重要环节。

（5）科学组织和管理施工的有效工具。建筑安装是多工种、多部门组成的一个有机整体而进行的施工活动。在安排各部门、各工种的活动计划中，要计算平衡资源需用量，组织材料供应，确定编制定员，合理配备劳动组织，调配劳动力，签发工程任务单和限额领料单，组织劳动竞赛，考核工料消耗，计算和分配工人劳动报酬等，都要以定额为依据，因此定额是科学组织和管理施工的有效工具。

（6）企业实行经济核算制的重要基础。企业为了分析比较施工过程中的各种消耗，必须以各种定额为核算依据。因此工人完成定额的情况，是实行经济核算制的主要内容。以定额为标准，分析比较企业各种成本，并通过经济活动分析，肯定成绩，找出薄弱环节，提出改进措施，以不断降低单位工程成本，提高经济效益，所以定额是实行经济核算制的重要基础。

2. 建筑工程的定额分类

（1）按生产要素分类。建筑工程按生产要素分类的内容如图 2-2 所示。

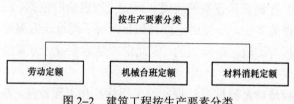

图 2-2　建筑工程按生产要素分类

1）劳动定额，又称人工定额。它规定了在正常施工条件下某工种的某一等级工人，为生产单位合格产品所必需消耗的劳动时间；或在一定的劳动时间中所生产合格产品的数量。

2）机械台班定额，又称机械使用定额，简称机械定额。它是在正常施工条件下，利用某机械生产一定单位合格产品所必须消耗的机械工作时间；或在单位时间内，机械完成合格产品的数量。

3）材料消耗定额，是在节约和合理使用材料的条件下，生产单位合格产品必须消耗的一定品种规格的原材料、燃料、半成品或构件的数量。

（2）按编制程序分类。建筑工程按编制程序分类的内容如图 2-3 所示。

图 2-3 建筑工程按编制程序分类

1）工序定额是以最基本的施工过程为标定对象,表示其生产产品数量与时间消耗关系的定额。由于工序定额比较细碎,所以一般不直接用于施工中,主要在标定施工定额时作为原始资料。

2）施工定额是直接用于基层施工管理中的定额。它一般由劳动定额、材料消耗定额和机械台班定额三个部分组成。根据施工定额,可以计算不同工程项目的人工、材料和机械台班需用量。

3）预算定额是确定一个计量单位的分项工程或结构构件的人工、材料（包括成品、半成品）和施工机械台班的需用量及费用标准。

4）概算定额是预算定额的扩大和合并。它是确定一定计量单位扩大分项工程的人工、材料和机械台班的需用量及费用标准。

二、建筑工程工程量清单计价

工程量清单是表现拟建工程的分部分项工程项目、措施项目、其他项目名称和相应数量的明细清单。工程量清单由招标人按照"计价规范"附录中统一的项目编码、项目名称、计量单位和工程量计算规则进行编制,包括分部分项工程量清单、措施项目清单和其他项目清单。

工程量清单计价,是指投标人完成由招标人提供的工程量清单所需的全部费用,包括分部分项工程费、措施项目费、其他项目费、规费和税金。

1. 工程量清单计价的组成

工程量清单计价就是计算出为完成招标文件规定的工程量清单所需的全部费用。工程量清单计价所需的全部费用，包括分部分项工程量清单费、措施项目清单费、其他项目清单费及规费和税金，如图2-4所示。

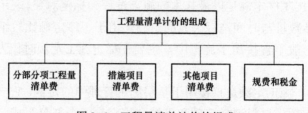

图2-4　工程量清单计价的组成

为了避免或减少经济纠纷，合理确定工程造价，《建设工程工程量清单计价规范》（GB 50500—2013）规定，工程量清单计价价款应包括完成招标文件规定的工程量清单项目所需的全部费用，主要包括以下几个方面：

（1）分部分项工程费、措施项目费、其他项目费和规费、税金。

（2）完成每分项工程所含全部工程内容的费用。

（3）包括完成每项工程内容所需的全部费用（规费、税金除外）。

（4）工程量清单项目中没有体现的，施工中又必须发生的工程内容所需的费用。

（5）考虑风险因素而增加的费用。

2. 工程量清单计价的方式

《建设工程工程量清单计价规范》（GB 50500—2013）规定，工程量清单计价方式采用综合单价计价方式。采用综合单价计价方式，是为了简化计价程序，实现与国际接轨。

综合单价是指完成一个规定计量单位工程所需的人工费、材料费、机械使用费、管理费和利润，并考虑风险因素。从理论上讲，综合单价应包括完成规定计量单位的合格产品所需的全部费用，但实际上考虑我国的现实情况，综合单价包括除规费和税金以外的全部费用。

综合单价不但适用于分部分项工程量清单，也适用于措施项目清单、其他项目清单等。

第 三 章

必备技能之建筑工程图识读

第一节　砖混结构施工图实例解读

一、一层平面图解读

1. 建筑平面图的概念

建筑平面图是表示建筑物在水平方向房屋各部分的组合关系。假想用一个水平剖切面，将建筑物在某层门窗洞口处剖开，移去剖切面以上的部分后，对剖切面以下部分所作的水平剖面图，即为建筑平面图，简称平面图。建筑平面图用来表明建筑物的平面形状，各种房间的布置及相互关系，门、窗、入口、走道、楼梯的位置，建筑物的尺寸、标高，房间的名称或编号，是该层施工放线、砌砖、混凝土浇筑、门窗定位和室内装修的依据。平面图上还包括所引用的剖面图、详图的位置及其编号，文字说明等。

2. 一层平面图的识读步骤

一层平面图的识读步骤如图 3-1 所示。

3. 一层平面图识读实例解析

如图 3-2 所示，为某住宅楼（砖混）建筑施工图的一层平面图，其识图要点包括如下：

（1）图中①轴线与②轴线之间的距离为 3.2m。

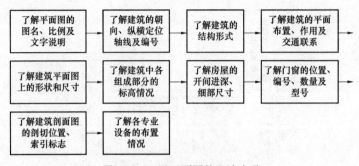

图3-1 一层平面图的识读步骤

（2）图中各个门窗的位置，如①轴线与②轴线在外墙处的窗SC-1，尺寸为1.8m。

（3）图中很清楚地标出了房间和用途和卫生间的布置情况。

（4）图中墙和构造柱的具体做法要参照结构图进行施工。

二、标准层平面图解读

1. 标准层的识读步骤

标准层的识读步骤与一层平面图的识读步骤大致相同，但需注意的是，在标准层平面图上，为了简化作图，已在首层平面图上标示过的内容不再表示。识读标准层平面图时，重点应与首层平面图对照异同。

2. 标准层平面图识读实例解析

如图3-3所示，为某住宅楼（砖混）建筑的标准层平面图，其识读要点为：改图的各轴线、墙、构造柱及门窗的看法和一层平面图相同；在图中③轴线和④轴线之间的楼梯画法中，虚线所示的栏杆扶手仅用于六层。

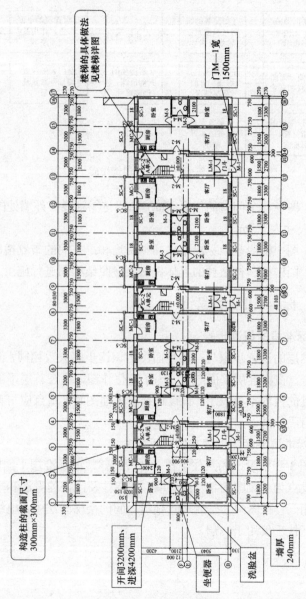

图3-2 一层平面图（节选）

楼梯的具体做法
见楼梯详图

门间JM—1宽
1500mm

构造柱的截面尺寸
300mm×300mm

开间3200mm、
进深4200mm

坐便器

洗脸盆

墙厚
240mm

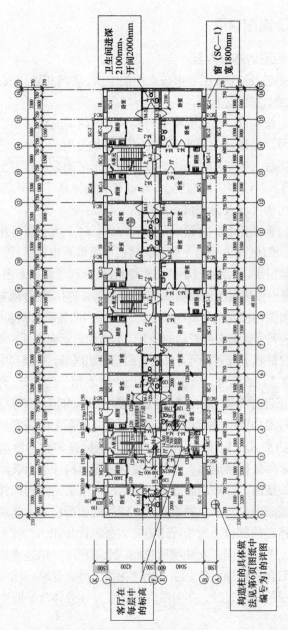

卫生间进深
2100mm、
开间2000mm

窗（SC—1）
宽1800mm

图3-3 标准层平面图（节选）

客厅在
每层中
的标高

构造柱的具体做
法见第6页图纸中
编号为1的详图

23 ◂┅┅

三、立面图解读

1. 立面图的基本内容

（1）图名及比例。图名可按立面的主次、朝向和轴线来命名。比例一般为 1:100 或 1:00。

（2）定位轴线。在立面图中一般只画出两端的定位轴线并标注出其编号，以便与建筑平面图中的轴线编号对应。

（3）图线。为了加强图面效果，使外形清晰、重点突出和层次分明，通常以线型的粗细层次，帮助读者清楚地了解房屋外形、里面的突出构件以及房屋前后的层次。

（4）门窗的形状、位置以及开启方向。对于大小型号相同的窗，只要详细地画出一两个即可，其他可简单画出。另外，窗框尺寸本来就很小，再用比较小的比例绘制，实际尺寸是画不出来的，所以门、窗也按规定图例绘制，门窗的形状、门窗扇的分隔与开启情况，也用图例按照实际情况绘制。立面图中的窗画有斜向细线，是开启方向符号。细实线表示向外开，细虚线表示向内开。一般无须把所有窗都画上开启符号，凡是窗的型号相同的，只画其中一两个即可。除了门连窗外，一般在立面图中可不标示门的开启方向，因为门的开启方式和方向已经在平面图中标示得很清楚了。

（5）标高以及其他需要标注的尺寸。立面图上的高度尺寸主要以标高的形式来标注。标高要注意建筑标高和结构标高的区分。建筑标高是指楼地面、屋面等装修完成后构件的上表面的建筑标高，如楼面、台阶顶面等标高。结构标高是指结构构件未经装修的下底面的标高，如圈梁底面、雨篷底面等标高。建筑立面图中标注标高的部位一般情况下有室内外地面、出入口平台面、门窗洞的上下口表面、女儿墙压顶面、水箱顶面、雨篷底面、阳台底面或阳台栏杆顶面等。除了标注标高之外，有时还标注出一些并无详图的局部尺寸，立面图中的长宽尺寸应该与平面图中的长宽尺寸对应。

（6）详图索引符号和文字说明。在立面图中凡需绘制详图的部位，画上详图索引符号，而对于立面面层装饰法，可以采取在立面图中注写简要的文字说明等做法。

2. 立面图识读步骤

立面图识读步骤如图 3-4 所示。

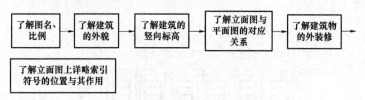

图 3-4　立面图识读步骤

3. 立面图识读实例解析

如图 3-5 所示，为某住宅楼（砖混）建筑的立面图，其识读要点为：图中右边的尺寸为标高尺寸；屋顶的做法和外墙装饰的做法见设计说明的大样详图。

四、剖面图解读

1. 剖面图的主要内容

（1）图名、比例。剖面图的图名、比例应与平面图、立面图一致，一般采用 1:50、1:00、1:00，视房屋的复杂程度而定。

（2）定位轴线及其尺寸。应标注出被剖切到的各承重墙的定位轴线的轴线编号和尺寸，并分别与底层平面图中标明的剖切位置编号、轴线编号一一对应。

（3）剖切到的构配件及构造。例如剖切到的屋面（包括隔热层及吊顶）、楼面、室内外地面（包括台阶、明沟及散水等），剖切到的内外墙身及其门、窗（包括过梁、圈梁、防潮层、女儿墙及压顶），剖切到的各种承重梁和连系梁、楼梯梯段及楼梯平台、雨篷及雨篷梁、阳台、走廊等的位置和形状、尺寸；除了有地下室的以外，一般不画出地面以下的基础。

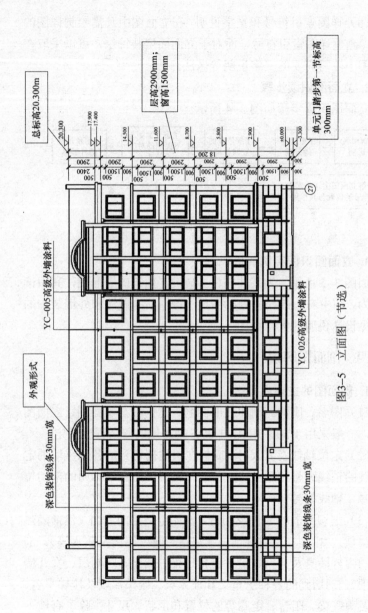

总标高20.300m

层高2900mm；
窗高1500mm

单元门踏步第一节标高
300mm

YC-005高级外墙涂料

YC 026高级外墙涂料

外观形式

深色装饰线条30mm宽

深色装饰线条30mm宽

图3-5 立面图（节选）

（4）未剖切到的可见构配件。例如，可见的楼梯梯段、栏杆扶手、走廊端头的窗，可见的墙面、梁、柱，可见的阳台、雨篷、门窗、水斗和雨水管，可见的踢脚和室内的各种装饰等。

（5）垂直方向的尺寸及标高外墙的竖向尺寸。通常标注三道：门窗洞及洞间墙等细部的高度尺寸、层高尺寸、室外地面以上的总高尺寸。此外，还有局部尺寸，注明细部构配件的高度、形状、位置。标高宜标注室外地坪，以及楼地面、地下室地面、阳台、平台、台阶等处的完成面。

（6）详图索引符号与某些用料、做法的文字注释。由于建筑剖面图的图样比例限制了房屋构造与配件的详细表达，是否用详图索引符号，或者用文字进行注释，应根据设计深度和图纸用途确定。例如，用多种材料构筑成的楼地面、屋面等，其构造层次和做法一般可以用索引符号给以索引，另有详图详细标明，也可由施工说明来统一表达，或者直接用多层构造的共用引出线顺序说明。

（7）图线。室内外地坪线可画线宽为 $1.4b$ 的加粗线。剖切到的墙体和空心板可用线宽为 b 的粗实线表达；可见的轮廓线用线宽为 $0.5b$ 的中实线表达；用线宽为 $0.25b$ 的细实线画细小的建筑构配件与装修面层线。

2. 立面图的识读步骤

立面图的识图步骤如图 3-6 所示。

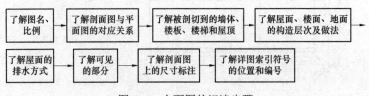

图 3-6　立面图的识读步骤

3. 立面图识读实例解析

如图 3-7 所示，为某住宅楼（砖混）建筑的剖面图，其识读要点为：剖面图的剖切位置都可从平面图中看到。

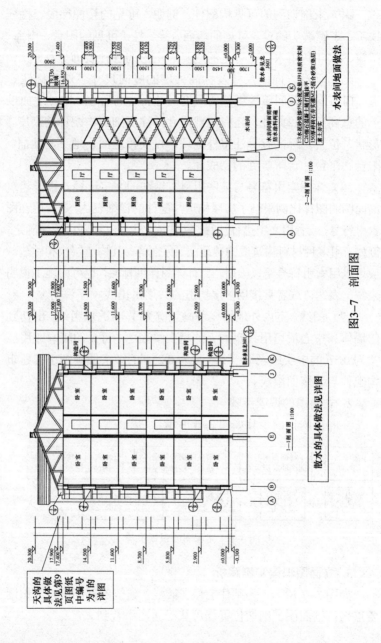

图3-7 剖面图

第二节　框架结构施工图实例解读

一、顶板配筋图解读

1. 了解板中常用钢筋表示方法

（1）钢筋的一般表示法。钢筋的一般表示法见表 3-1。

表 3-1　　　　　　　　　　　钢筋的一般表示法

序号	名　　称	图例	说　　明
1	钢筋横断面	●	—
2	无弯钩的钢筋端部		长、短钢筋投影重叠时，短钢筋的端部用 45° 斜线表示
3	带半圆形弯钩的钢筋端部		—
4	带直钩的钢筋端部		—
5	带螺纹的钢筋端部		—
6	无弯钩的钢筋搭接		—
7	带半圆弯钩的钢筋搭接		—
8	带直钩的钢筋搭接		—
9	花篮螺栓钢筋接头		—
10	机械连接的钢筋接头		用文字说明机械连接的方式

（2）钢筋的标注。钢筋的直径、根数及相邻钢筋中心距在图样上一般采用引出线方式标注，其标注形式有以下两种：

1）标注钢筋的根数和直径。标注钢筋根数和直径的形式如图 3-8 所示。

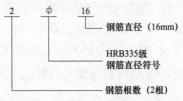

图 3-8　标注钢筋根数和直径的形式

2）标注钢筋的直径和相邻钢筋中间距。标准钢筋直径和相邻钢筋中间距的形式如图 3-9 所示。

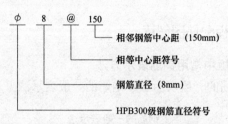

图 3-9　标注钢筋直径和相邻钢筋中心距的形式

（3）混凝土结构中钢筋的类别及作用。混凝土结构中钢筋的类别及作用的主要内容见表 3-2。

表 3-2　　　　　　　　结构中钢筋的类别及作用

钢筋类别	主　要　作　用
受力筋	承受拉、压应力的钢筋。配置在受拉区的称受拉钢筋；配置在受压区的称受压钢筋。受力筋还分为直筋和弯起筋两种
箍筋	承受部分斜拉应力，并固定受力筋的位置
架立筋	用于固定梁内钢箍位置；与受力筋、钢箍一起构成钢筋骨架
分布筋	用于板内，与板的受力筋垂直布置，并固定受力筋的位置
构造筋	因构件构造要求或施工安装需要而配置的钢筋，如腰筋、预埋锚固筋、吊环等

2. 顶板配筋图识读实例解析

如图 3-10 所示，为某框架结构顶板配筋图，其识读要点为：在顶板配筋图识读过程中，从配筋平面图中可以获取大部分的信息（钢筋位置、尺寸等），但是特殊部位的配筋情况还是要从详图中才能得出具体的配筋位置及相关数据。

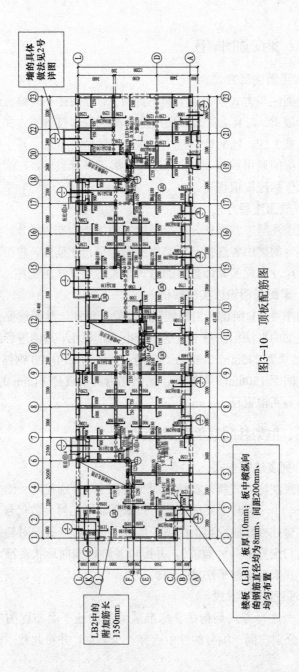

图3—10 顶板配筋图

墙的具体做法见2号详图

LB2中的附加筋长1350mm

楼板（LB1）板厚110mm；板中横纵向的钢筋直径均为8mm，间距200mm、均匀布置

二、梁配筋图解读

1. 平面注写方式

平面注写方式系在梁平面布置图上，分别在不同编号的梁中各选一根梁，在其上注写截面尺寸和配筋具体数值的方式来表达梁平法施工图，包括集中标注和原位标注两种方法，其中集中标注表达梁的通用数值，原位标注表达梁的特殊数值，在读施工图时，原位标注取值优先。

2. 截面注写方式

截面注写方式系在分标准层绘制的梁平面布置图上，分别在不同编号的梁中各选择一根梁用剖面号引出配筋图，并在其上注写截面尺寸和配筋具体数值的方式来表达梁平法施工图。

3. 梁配筋图识读实例解析

如图 3-11 所示，为某框架结构梁配筋图，其识读要点为：标准层梁的平法标注基本差别不是很大，以 L4 为例进行解读：L4 的尺寸为 240mm×300mm、一跨；箍筋为 HPB300 钢筋、直径 8mm、间距 150mm、双肢箍；梁上部为两根直径 14mm 的钢筋，梁下部为两根直径 16mm 的钢筋。

三、框架柱配筋平面图解读

1. 列表注写方式

列表注写方式就是在柱平面布置图上，分别在同一编号的柱中选择一个（有时需要选择几个）截面标注几何参数代号。在柱表中注写柱号，柱段起止标高，几何尺寸（含柱截面对轴线的偏心情况与配筋的具体数值），并配以各种柱截面形状及箍筋类型图的方式来表达柱平法施工图。

2. 截面注写方式

截面注写方式是指在非标准层绘制的柱平面布置图的柱截面上，分别在同一编号的柱中选择一个截面，并将此截面在原位

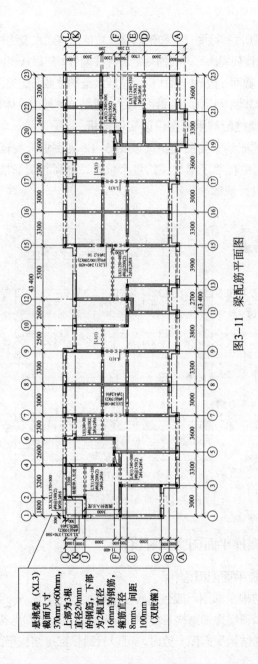

图3-11 梁配筋平面图

33

放大,以直接注写截面尺寸和配筋具体数值的方式来表达柱平法施工图。即首先按列表注写方式的规定进行柱编号,然后从相同编号的柱中选择一个截面,按另一种比例原位放大绘制柱截面配筋图,并在各配筋图上继其编号后再注写截面尺寸、纵筋、箍筋的具体数值。

3. 框架柱配筋平面图识读实例解析

框架柱配筋平面图的识读以图 3-12 为例进行解读,其识读要点为:图中标明了框架柱的每个位置,标高和配筋情况要结合框架柱表进行解读。

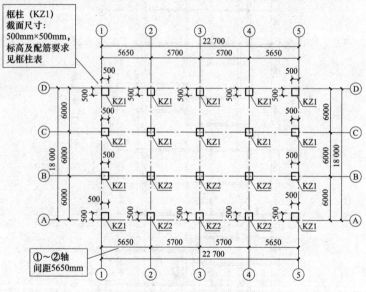

图 3-12　框架柱配筋平面图

四、楼梯平面图实例解读

1. 楼梯平面图概念

楼梯结构平面图一般包括底层楼梯结构平面图、标准层楼梯结构平面图和顶层楼梯结构平面图。当底层或顶层楼梯结构平面图与标准层楼梯结构平面图一致时,可以只画标准层结构平面图。

2. 楼梯平面图识读步骤

楼梯平面图识读步骤如图 3-13 所示。

图 3-13 楼梯平面图识读步骤

3. 楼梯平面图识读实例解析

楼梯平面图的识读以图 3-14 为例进行解读，其识读要点为：图中标出了楼梯的标高、梯梁及梯板的尺寸及配筋情况，具体的构造及做法见相应的剖面图和详图。

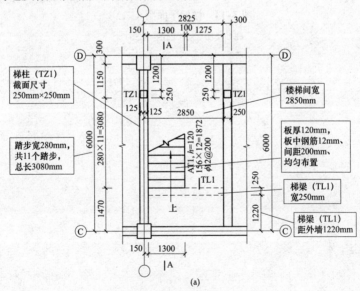

(a)

图 3-14 楼梯平面图（一）

(a) 楼梯一层平面图（1:50）

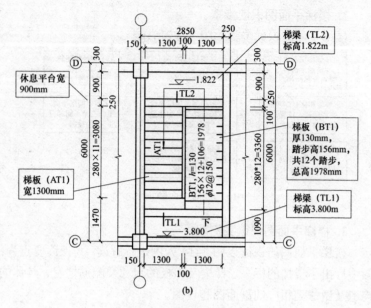

图 3-14 楼梯平面图（二）

（b）楼梯二层平面图（1:50）

第 四 章

必备技能之建筑工程计算
规则及实例解析

第一节 土 石 方 工 程

一、土石方工程计算规则

1. 土方工程清单计算规则

工程量清单项目设置、项目特征描述的内容、计量单位及工程量计算规则，应按表 4-1 的规定执行。

表 4-1 土方工程（编号：010101）

项目编码	项目名称	项目特征	计量单位	工程量计算规则	工作内容
010101001	平整场地	1. 土壤类别 2. 弃土运距 3. 取土运距	m²	按设计图示尺寸以建筑物首层建筑面积计算	1. 土方挖填 2. 场地找平 3. 运输
010101002	挖一般土方	1. 土壤类别 2. 挖土深度 3. 弃土运距	m³	按设计图示尺寸以体积计算	1. 排地表水 2. 土方开挖 3. 围护（挡土板）及拆除 4. 基底钎探 5. 运输

项目编码	项目名称	项目特征	计量单位	工程量计算规则	工作内容
010101003	挖沟槽土方	1. 土壤类别 2. 挖土深度	m³	按设计图示尺寸以基础垫层底面积乘以挖土深度计算	1. 排地表水 2. 土方开挖 3. 围护(挡土板)、支撑 4. 基底钎探 5. 运输
010101004	挖基坑土方	1. 土壤类别 2. 挖土深度	m³	1. 房屋建筑按设计图示尺寸以基础垫层底面积乘以挖土深度计算 2. 构筑物按最大水平投影面积乘以挖土深度(原地面平均标高至坑底高度)以体积计算。	1. 排地表水 2. 土方开挖 3. 围护(挡土板)、支撑 4. 基底钎探 5. 运输
010101005	冻土开挖	1. 冻土厚度 2. 弃土运距	m³	按设计图示尺寸开挖面积乘厚度以体积计算	1. 爆破 2. 开挖 3. 清理 4. 运输
010101006	挖淤泥、流砂	1. 挖掘深度 2. 弃淤泥、流砂距离	m³	按设计图示位置、界限以体积计算	1. 开挖 2. 运输

项目编码	项目名称	项目特征	计量单位	工程量计算规则	工作内容
010101007	管沟土方	1. 土壤类别 2. 管外径 3. 挖沟深度 4. 回填要求	1. m 2. m³	1. 以米计量，按设计图示以管道中心线长度计算 2. 以立方米计量，按设计图示管底垫层面积乘以挖土深度计算；无管底垫层按管外径的水平投影面积乘以挖土深度计算。不扣除各类井的长度，井的土方并入	1. 排地表水 2. 土方开挖 3. 围护（挡土板）、支撑 4. 运输 5. 回填

注 1. 挖土应按自然地面测量标高至设计地坪标高的平均厚度确定。竖向土方、山坡切土开挖深度应按基础垫层底表面标高至交付施工现场地标高确定，无交付施工场地标高时，应按自然地面标高确定。

2. 建筑物场地厚度≤±300mm 的挖、填、运、找平，应按本表中平整场地项目编码列项。厚度＞±300mm 的竖向布置挖土或山坡切土应按本表中挖一般土方项目编码列项。

3. 沟槽、基坑、一般土方的划分为：底宽≤7m，底长＞3 倍底宽为沟槽；底长≤3 倍底宽、底面积≤150m 为基坑；超出上述范围则为一般土方。

4. 挖土方如需截桩头时，应按桩基工程相关项目编码列项。

5. 桩间挖土不扣除桩的体积，并在项目特征中加以描述。

6. 弃、取土运距可以不描述，但应注明由投标人根据施工现场实际情况自行考虑，决定报价。

2. 石方工程清单计算规则

工程量清单项目设置、项目特征描述的内容、计量单位及工程量计算规则，应按表 4-2 的规定执行。

表 4-2 石方工程（编号：010102）

项目编码	项目名称	项目特征	计量单位	工程量计算规则	工作内容
010102001	挖一般石方	1. 岩石类别 2. 开凿深度 3. 弃碴运距	m³	按设计图示尺寸以体积计算	1. 排地表水 2. 凿石 3. 运输
010102002	挖沟槽石方	1. 岩石类别 2. 开凿深度 3. 弃碴运距	m³	按设计图示尺寸沟槽底面积乘以挖石深度以体积计算	1. 排地表水 2. 凿石 3. 运输
010102003	挖基坑石方	1. 岩石类别 2. 开凿深度 3. 弃碴运距	m³	按设计图示尺寸基坑底面积乘以挖石深度以体积计算	1. 排地表水 2. 凿石 3. 运输
010102004	管沟石方	1. 岩石类别 2. 管外径 3. 挖沟深度	1. m 2. m³	1. 以米计量，按设计图示以管道中心线长度计算 2. 以立方米计量，按设计图示截面积乘以长度计算	1. 排地表水 2. 凿石 3. 回填 4. 运输

注 1. 挖石应按自然地面测量标高至设计地坪标高的平均厚度确定。基础石方开挖深度应按基础垫层底表面标高至交付施工现场地标高确定，无交付施工场地标高时，应按自然地面标高确定。

2. 厚度＞±300mm 的竖向布置挖石或山坡凿石应按本表中挖一般石方项目编码列项。

3. 沟槽、基坑、一般石方的划分为：底宽≤7m，底长＞3 倍底宽为沟槽；底长≤3 倍底宽、底面积≤150m 为基坑；超出上述范围则为一般石方。

4. 弃碴运距可以不描述，但应注明由投标人根据施工现场实际情况自行考虑，决定报价。

5. 管沟石方项目适用于管道（给水排水、工业、电力、通信）、光（电）缆沟〔包括人（手）孔、接口坑〕及连接井（检查井）等。

3. 回填工程清单计算规则

工程量清单项目设置、项目特征描述的内容、计量单位及工程量计算规则，应按表 4-3 的规定执行。

表 4-3   回填工程（编号：010103）

项目编码	项目名称	项目特征	计量单位	工程量计算规则	工作内容
010103001	回填方	1. 密实度要求 2. 填方材料品种 3. 填方粒径要求 4. 填方来源、运距	m³	按设计图示尺寸以体积计算 1. 场地回填：回填面积乘平均回填厚度 2. 室内回填：主墙间面积乘回填厚度，不扣除间隔墙 3. 基础回填：挖方体积减去自然地坪以下埋设的基础体积（包括基础垫层及其他构筑物）	1. 运输 2. 回填 3. 压实
010103002	余方弃置	1. 废弃料品种 2. 运距	m³	按挖方清单项目工程量减利用回填方体积（正数）计算	余方点装料运输至弃置点

注　1. 填方密实度要求，在无特殊要求的情况下，项目特征可描述为满足设计和规范的要求。

　　2. 填方材料品种可以不描述，但应注明由投标人根据设计要求验方后方可填入，并符合相关工程的质量规范要求。

　　3. 填方粒径要求，在无特殊要求的情况下，项目特征可以不描述。

　　4. 如需买土回填，应在项目特征填方来源中描述，并注明买土方数量。

4. 土壤及岩石的分类

因各个建筑物、构筑物所处的地理位置不同，其土壤的强度、密实性、透水性等物理性质和力学性质也有很大差别，这就直接影响到土石方工程的施工方法。因此，单位工程土石方所消耗的人工数量和机械台班就有很大差别，综合反映的施工费用也不相同。所以，正确区分土石方的类别对于能否准确地进行造价编制影响很大。土壤及岩石的分类详见表 4-4 和表 4-5。

表 4—4   土 壤 分 类 表

土壤分类	土 壤 名 称	开挖方法
一、二类土	粉土、砂土（粉砂、细砂、中砂、粗砂、砾砂）、粉质黏土、弱中盐渍土、软土（淤泥质土、泥炭、泥炭质土）、软塑红黏土、冲填土	用锹，少许用镐、条锄开挖。机械能全部直接铲挖满载者
三类土	黏土、碎石土（圆砾、角砾）混合土、可塑红黏土、硬塑红黏土、强盐渍土、素填土、压实填土	主要用镐、条锄，少许用锹开挖。机械需部分刨松方能铲挖满载者或可直接铲挖但不能满载者
四类土	碎石土（卵石、碎石、漂石、块石）、坚硬红黏土、超盐渍土、杂填土	全部用镐、条锄挖掘，少许用撬棍挖掘。机械须普遍刨松方能铲挖满载者

注 本表土的名称及其含义按国家标准《岩土工程勘察规范》（GB 50021—2001）（2009年版）定义。

表 4—5   岩 石 分 类 表

岩石分类		代表性岩石	开挖方法
极软岩		1. 全风化的各种岩石 2. 各种半成岩	部分用手凿工具、部分用爆破法开挖
软质岩	软岩	1. 强风化的坚硬岩或较硬岩 2. 中等风化—强风化的较软岩 3. 未风化—微风化的页岩、泥岩、泥质砂岩等	用风镐和爆破法开挖
	较软岩	1. 中等风化—强风化的坚硬岩或较硬岩 2. 未风化—微风化的凝灰岩、千枚岩、泥灰岩、砂质泥岩等	用爆破法开挖
硬质岩	较硬岩	1. 微风化的坚硬岩 2. 未风化—微风化的大理岩、板岩、石灰岩、白云岩、钙质砂岩等	用爆破法开挖
	坚硬岩	未风化—微风化的花岗岩、闪长岩、辉绿岩、玄武岩、安山岩、片麻岩、石英岩、石英砂岩、硅质砾岩、硅质石灰岩等	用爆破法开挖

注 本表依据国家标准《工程岩体分级标准》（GB 50218—2014）和《岩土工程勘察规范》（GB 50021—2001）（2009年版）整理。

5. 土石方工程计算常用数据

（1）干、湿土的划分。土方工程由于基础埋置深度和地下水位的不同以及受到季节施工的影响，出现干土与湿土之分。

干、湿土的划分，应根据地质勘察资料中地下常水位为划分标准，地下常水位以上为干土，以下为湿土。如果采用人工（集水坑）降低地下水位时，干、湿土的划分仍以常水位为准；当采用井点降水后，常水位以下的土不能按湿土计算，均按干土计算。

（2）沟槽、基坑划分条件。为了满足实际施工中各类不同基础的人工土方工程开挖需要，准确地反映实际工程造价，一般情况下，企业定额将人工挖坑槽工程划分为人工挖地坑、人工挖地槽、人工挖土方、山坡切土及挖流沙淤泥等项目。山坡切土和挖流沙淤泥项目较好确定，其余三个项目的划分条件见表4-6。

表4-6   人工挖地坑、地槽、土方划分条件表

项目 \ 划分条件	坑底面积/m²	槽底宽度/m
人工挖地坑	≤20	—
人工挖地槽	—	≤3，且槽长大于槽宽3倍以上
人工挖土方	>20	>3
	人工场地平整平均厚度在30cm以上的挖土	

注 坑底面积、槽底宽度不包括加宽工作面的尺寸。

（3）放坡及放坡系数。

1）放坡。不管是用人工或是机械开挖土方，在施工时为了防止土壁坍塌都要采取一定的施工措施，如放坡、支挡板或打护坡桩。放坡是施工中较常用的一种措施。

当土方开挖深度超过一定限度时，将上口开挖宽度增大，将

土壁做成具有一定坡度的边坡，防止土壁坍塌，在土方工程中称为放坡。

2）放坡起点。实践经验表明：土壁稳定与土壤类别、含水率和挖土深度有关。放坡起点就是指某类别土壤边壁直立不加直撑开挖的最大深度，一般是指设计室外地坪标高至基础底标高的深度。放坡起点应根据土质情况确定。

3）放坡系数。将土壁做成一定坡度的边坡时，土方边坡的坡度以其高度 H 与边坡宽度 B 之比来表示，如图 4-1 所示。

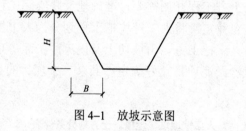

图 4-1　放坡示意图

根据图 4-1，可得

$$土方坡度 = \frac{H}{B} = \frac{1}{\left(\dfrac{B}{H}\right)} = 1 : \frac{B}{H}$$

设 $K = \dfrac{B}{H}$，得

$$土方坡度 = 1 : K$$

故称 K 为放坡系数。

放坡系数的大小通常由施工组织设计确定，如果施工组织设计无规定时也可由当地建设主管部门规定的土壤放坡系数确定。表 4-7 为一般规定的挖土方、地槽、地坑的放坡起点及放坡系数表。

表4-7			放 坡 系 数		
土类别	放坡起点/m	人工挖土	机械挖土		
			在坑内作业	在坑上作业	顺沟槽在坑上作业
一、二类土	1.20	1:0.5	1:0.33	1:0.75	1:0.55
三类土	1.50	1:0.33	1:0.25	1:0.67	1:0.33
四类土	2.00	1:0.25	1:0.10	1:0.33	1:0.25

注　1. 沟槽、基坑中土类别不同时，分别按其放坡起点、放坡系数，依不同土类别厚度加权平均计算。

　　2. 计算放坡时，在交接处的重复工程量不予扣除，原槽、坑作基础垫层时，放坡自垫层上表面开始计算。

【例 4-1】已知开挖深度 $H = 2.2m$，槽底宽度 $A = 2.0m$，土质为三类土，采用人工开挖。试确定上口开挖宽度是多少？

计算：查表 4-7 可知，三类土放坡起点深度 $H = 1.5m$，人工挖土的坡度系数 $K = 0.33$。由于开挖深度 H 大于放坡起点深度 H，故采取放坡开挖。

首先，计算每边边坡宽度 B。

$$B = KH = 0.33 \times 2.2m = 0.73（m）$$

其次，计算上口开挖宽度 A'。

$$A' = A + 2B = 2.0m + 2 \times 0.73m = 3.46（m）$$

【例 4-2】已知某基坑开挖深度 $H = 10m$。其中表层土为一、二类土，厚 $H_1 = 2m$，中层土为三类土，厚 $H_2 = 5m$；下层土为四类土，厚 $H_3 = 3m$。采用正铲挖土机在坑底开挖。试确定其综合坡度系数。

计算：对于这种在同一坑内有三种不同类别土壤的情况，根据有关规定应分别按其放坡起点、放坡系数、依不同土壤厚度加权平均计算其放坡系数。

查表 4-7 可知，一、二类土坡度系数 $K_1 = 0.33$；三类土坡系数 $K_2 = 0.25$；四类土坡度系数 $K_3 = 0.10$。则可知其综合坡度系数

$$K = \frac{K_1 H_1 + K_2 H_2 + K_3 H_3}{H} = \frac{0.33 \times 2 + 0.25 \times 5 + 0.10 \times 3}{10} = 0.22$$

（4）工作面。根据基础施工的需要，挖土时按基础垫层的双向尺寸向周边放出一定范围的操作面积，作为工人施工时的操作空间，这个单边放出的宽度就称为工作面。

基础工程施工时所需要增设的工作面，应根据已批准的施工组织设计确定。但在编制工程造价时，则应按企业定额规定计算。如某企业定额规定工作面增加如下：

1）砖基础每边增加工作面 20cm。

2）浆砌毛石、条石基础每边增加工作面 15cm。

3）混凝土基础或垫层需支模板时，每边增加工作面 30cm。

4）基础垂直面做防水层时，每边增加工作面 80cm（防水层面）。

（5）其他需要注意事项。

1）当开挖深度超过放坡起点深度时，可以采用放坡开挖，也可以采用支挡土板开挖或采取其他的支护措施。编制造价时应根据已批准的施工组织设计规定选定，如果施工组织设计无规定，则均应按放坡开挖编制造价。

2）定额内所列的放坡起点、坡度系数、工作面，仅作为编制造价时计算土方工程量使用。实际施工中，应根据具体的土质情况和挖土深度，按照安全操作规程和施工组织设计的要求放坡和设置工作面，以保证施工安全和操作要求。实际施工中无论是否放坡，无论放坡系数多少，均按定额内的放坡系数计算工程量，不得调整。定额与实际工作面差异所发生的土方量差也不允许调整。

3）当造价内计算了放坡工程量后，实际施工中，由于边坡坡度不足所造成的边坡塌方，其经济损失应由承包商承担，工程合同工期也不得顺延；发生的边坡小面积支挡土板，也不得套用支挡土板计算费用，其费用由承包商承担。

4）当开挖深度超过放坡起点深度，而实际施工中某边土壁又无法采用放坡施工（例如与原有建筑物或道路相临一侧的开挖、稳定性较差的杂填土层的开挖等），确需采用支挡土板开挖时，必须有相应的已批准的施工组织设计，方可按支挡土板开挖编制工程造价，否则不论实际是否需要采用支挡土板开挖，均按放坡开挖编制，支挡土板所用工料不得列入工程造价。

5）计算支挡土板开挖的挖土工程量时，按图示槽、坑底宽度尺寸每边各增加工作面 10cm 计算，这 10cm 为支挡土板所占宽度。

6. 人工与机械土石方计算说明

（1）人工土石方。

1）人工挖地槽、地坑定额深度最深为 6m，超过 6m 时可另作补充定额。

2）人工土方定额是按干土编制的，如挖湿土时，人工乘以系数 1.18。干、湿土的划分，应根据地质勘测资料，以地下常水位为准划分，地下常水位以上为干土，以下为湿土。

3）人工挖孔桩定额适用于在有安全防护措施的条件下施工。

4）定额中未包括地下水位以下施工的排水费用，发生时另行计算。挖土方时如果有地表水需要排除，也应另行计算。

5）支挡土板定额项目分为密撑和疏撑。密撑是指满支挡土板，疏撑是指间隔支挡土板。实际间距不同时，定额不作调整。

6）在有挡土板支撑下挖土方时，按实挖体积，人工乘以系数 1.43。

7）挖桩间土方时，按实挖体积（扣除桩体占用体积），人工乘以系数 1.5。

8）人工挖孔桩，桩内垂直运输方式按人工考虑。如深度超过 12m 时，16m 以内按 12m，项目人工用量乘以系数 1.3，20m 以内乘以系数 1.5 计算。同一孔内土壤类别不同时，按定额加权计算；如遇有流砂、淤泥时，另行处理。

9）场地竖向布置挖填土方时，不再计算平整场地的工程量。

10）石方爆破定额是按炮眼法松动爆破编制的，不分明炮、闷炮，但闷炮的覆盖材料应另行计算。

（2）机械土石方。

1）岩石分类，详见表4-5。

2）推土机推土、推石碴，铲运机铲运土重车上坡时，如果坡度大于5%，其运距按坡度区段斜长乘以表4-8中的系数计算。

表4-8 不同坡度时的运距计算系数

坡度（%）	5～10	15 以内	20 以内	25 以内
系数	1.75	2.0	2.25	2.50

3）汽车、人力车、重车上坡降效因素，已综合在相应的运输定额项目中，不再另行计算。

4）机械挖土方工程量，按机械挖土方90%、人工挖土方10%计算；人工挖土部分按相应定额项目人工乘以系数2。

5）土壤含水率定额是按天然含水率为准制定的：含水率大于25%时，定额人工、机械乘以系数1.15；含水率大于40%时，另行计算。

6）推土机推土或铲运机铲土土层平均厚度小于300mm时，推土机台班用量乘以系数1.25，铲运机台班用量乘以系数1.17。

7）挖掘机在垫板上进行作业时，人工、机械乘以系数1.25，定额内不包括垫板铺设所需的工料、机械消耗。

8）推土机、铲运机，推、铲未经压实的积土时，按定额项目乘以系数0.73。

9）机械土方定额是按三类土编制的。当实际土壤类别不同时，定额中机械台班量乘以表4-9中的系数。

表4-9 　　　　　　不同土壤类别时的机械台班计算系数

项　　目	一、二类土壤	四类土壤
推土机推土方	0.84	1.18
铲运机铲土方	0.84	1.26
自行铲运机铲土方	0.86	1.09
挖掘机挖土方	0.84	1.14

10）定额中的爆破材料是按炮孔中无地下渗水、积水编制的。炮孔中若出现地下渗水、积水时，处理渗水或积水发生的费用另行计算。定额内未计爆破时所需覆盖的安全网、草袋、架设安全屏障等设施，发生时另行计算。

11）机械上下行驶坡道土方，合并在土方工程量内计算。

7. 土石方工程量计算一般规则

（1）土方体积均以挖掘前的天然密实体积为准计算。当遇有必须以天然密实体积折算时，可按表4-10所列数值换算。

表4-10 　　　　　　　　土方体积折算表

虚方体积	天然密实度体积	夯实后体积	松填体积
1.00	0.77	0.67	0.83
1.30	1.00	0.87	1.08
1.50	1.15	1.00	1.25
1.20	0.92	0.80	1.00

（2）石方体积应按挖掘前的天然密实体积为准计算。当需按天然密实体积折算时，可按表4-11所列数值换算。

表4-11 　　　　　　　　石方体积折算表

石方类别	天然密实度体积	虚方体积	松填体积	码方
石方	1.0	1.54	1.31	
块石	1.0	1.75	1.43	1.67
砂夹石	1.0	1.07	0.94	

（3）挖土一律以设计室外地坪标高为准计算。

8. 平整场地及碾压工程量计算

（1）人工平整场地，是指建筑场地挖、填土方厚度在±30cm以内及找平。挖、填土方厚度超过±30cm以外时，按场地土方平衡竖向布置图另行计算。

（2）平整场地工程量按建筑物外墙外边线每边各加 2m，以平方米计算。

（3）建筑场地原土碾压以平方米计算，填土碾压按图示填上厚度以立方米计算。

9. 挖掘沟槽、基坑土方工程量计算

（1）沟槽、基坑按照以下规定进行划分：

1）凡图示沟槽底宽在 3m 以内，且沟槽长大于槽宽 3 倍以上的，为沟槽。

2）凡图示基坑底面积在 20m^2 以内的为基坑。

3）凡图示沟槽底宽 3m 以上，坑底面积 20m^2 以上，平整场地挖土方厚度在 30cm 以上，均按挖土方计算。

（2）计算挖沟槽、基坑、土方工程量需放坡时，放坡系数按表 4-7 规定计算。

（3）挖沟槽、基坑需支挡土板时，其宽度按图示沟槽、基坑底宽，单面加 10cm，双面加 20cm 计算。挡土板面积，按槽、坑垂直面的支撑面积计算。支挡土板后，不得再计算放坡。

（4）管沟施工所增加的工作面，按表 4-12 的规定计算。

表 4-12　　　　　　　管沟施工所增加的工作面

管沟材料 \ 管道结构宽/mm	≤500	≤1000	≤2500	>2500
混凝土及钢筋混凝土管道/mm	400	500	600	700
其他材质管道/mm	300	400	500	600

注　1. 本表按《全国统一建筑工程预算工程量计算规则》（GJDGZ—101—95）整理。

　　2. 管道结构宽：有管座的按基础外缘，无管座的按管道外径。

（5）基础施工所需工作面宽度按表 4-13 的规定计算。

表 4-13　　　　基础施工所需工作面宽度计算表

基础材料	每边增加工作面宽度/mm
砖基础	200
浆砌毛石、条石基础	150
混凝土基础垫层支模板	300
混凝土基础支模板	300
基础垂直面做防水层	800（防水层面）

（6）挖沟槽长度，外墙按图示中心线长度计算，内墙按图示基础底面之间净长线长度计算；内外凸出部分（垛、附墙烟囱等）体积并入沟槽土方工程量内计算。

（7）人工挖土方深度超过 1.5m 时，按表 4-14 增加工日。

表 4-14　　　　人工挖土方超深增加工日表　　　　（100m³）

深 2m 以内	深 4m 以内	深 6m 以内
5.55 工日	17.60 工日	26.16 工日

（8）挖管道沟槽按图示中心线长度计算。沟底宽度，设计有规定的，按设计规定尺寸计算；设计无规定的，可按表 4-15 规定宽度计算。

表 4-15　　　　管道地沟沟底宽度计算表

管径/mm	铸铁管、钢管、石棉水泥管/m	混凝土、钢筋混凝土、预应力混凝土管/m	陶土管/m
50～70	0.60	0.80	0.70
100～200	0.70	0.90	0.80
250-350	0.80	1.00	0.90
400～450	1.00	1.30	1.10

管径/mm	铸铁管、钢管、石棉水泥管/m	混凝土、钢筋混凝土、预应力混凝土管/m	陶土管/m
500～600	1.30	1.50	1.40
700～800	1.60	1.80	—
900～1000	1.80	2.00	—
1100～1200	2.00	2.30	—
1300～1400	2.20	2.60	—

注 1. 按上表计算管道沟土方工程量时，各种井类及管道（不含铸铁给排水管）接口等处需加宽，增加的土方量不另行计算。底面积大于 20m² 的井类，其增加工程量并入管沟土方内计算。

2. 铺设铸铁给排水管道时，其接口等处土方增加量，可按铸铁给排水管道地沟土方总量的 2.5%计等。

（9）沟槽、基坑深度，按图示槽、坑底面至室外地坪深度计算；管道地沟按图示沟底至室外地坪深度计算。

10. 土（石）方回填与运输计算

（1）土（石）方回填。土（石）方回填土分为夯填和松填，按图示回填体积并依下列规定，以立方米计算。

1）沟槽、基坑回填土，沟槽、基坑回填体积以挖方体积减去设计室外地坪以下埋设砌筑物（包括基础垫层、基础等）体积计算。

2）管道沟槽回填，以挖方体积减去管径所占体积计算。管径在 500mm 以下的不扣除管道所占体积；管径超过 500mm 以上时，按表 4–16 规定扣除管道所占体积计算。

表 4–16　　　　　管道扣除土方体积表

管道名称	管道直径/mm					
	501～600	601～800	801～1000	1001～1200	1201～1400	1401～1600
钢管	0.21	0.44	0.71			
铸铁管	0.24	0.49	0.77			
混凝土管	0.33	0.60	0.92	1.15	1.35	1.55

3）房心回填土，按主墙之间的面积乘以回填土厚度计算。

4）余土或取土工程量，可按下式计算

余土外运体积=挖土总体积-回填土总体积

当计算结果为正值时，为余土外运体积；当计算结果为负值时，为取土体积。

5）地基强夯按设计图示强夯面积，区分夯击能量，夯击遍数以平方米计算。

（2）土方运距计算规则。

1）推土机推土运距：按挖方区重心至回填区重心之间的直线距离计算。

2）铲运机运土运距：按挖方区重心至卸土区重心加转向距离45m计算。

3）自卸汽车运土运距：按挖方区重心至填土区（或堆放地点）重心的最短距离计算。

二、土石方工程计算实例解析

1. 平整场地工程量计算及解析

图4-2为某建筑施工场地平面图，采用人工平整场地的方法进行平整场地，下面我们根据图中给出的数据计算工程量。

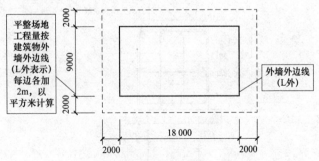

图4-2 某建筑施工场地平面图

解：$S_{平} = (9.0 + 2.0 \times 2) \times (18.0 + 2.0 \times 2)$

$= 9.0 \times 18.0 + 9.0 \times 2.0 \times 2 + 2.0 \times 2 \times 18 + 2.0 \times 2 \times 2.0 \times 2$

$= 9.0 \times 18.0 + (9.0 \times 2 + 18.0 \times 2) \times 2.0 + 2.0 \times 2.0 \times 4$

$= 162 + 54 \times 2.0 + 16$

$= 286\,(\text{m}^2)$

上式中，9.0×18.0 为底面积，用 $S_{底}$ 表示；54 为外墙外边周长，用 $L_{外}$ 表示；故可以归纳为

$$S_{平} = S_{底} + L_{外} \times 2 + 16$$

2. 基础土方工程量计算及解析

图 4-3 和图 4-4 为某建筑的基础详图和剖面图，计算其土方体积、挡土板面积、素土回填体积、基坑土方侧面面积和基坑土

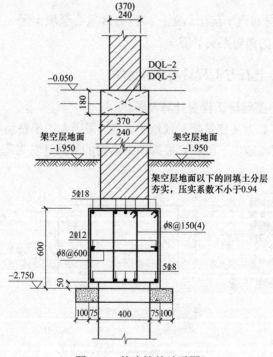

图 4-3　某建筑基础详图

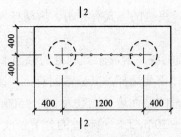

图 4-4 基础剖面图

方地面面积。给出挖土深度 800mm、基坑体积 1.2m³、基坑面积 3.5m²、基槽面积 0.5m²、墙体积 0.002 4m³、基础梁体积 0.000 9m³、垫层体积 0.16m³。

解： 土方体积=长×宽×挖土深度-基坑体积

=2×0.8×0.8-1.2=0.08（m³）

挡土板面积=(长+宽)×2×挖土深度-基坑面积-基槽面积

=(2+0.8)×2×0.8-3.5-0.5=0.48（m²）

素土回填体积=土方体积-(墙体积+基础梁体积+垫层体积)

=0.008-(0.002 4+0.000 9+0.16)=0.083 3（m³）

基坑土方侧面面积=(长+宽)×2×挖土深度-基坑面积-

基槽面积

=(2+0.8)×2×0.8-3.5-0.5

=0.48（m²）

基坑土方地面面积=长×宽

=0.8×2=1.6（m²）

第二节 桩 基 工 程

一、桩基工程计算规则

1. 桩的分类

（1）预制桩。预制桩按所用材料的不同可分为混凝土预制桩、钢桩和木桩。沉桩的方式有锤击、振动打入、静力压入和旋入等。

1）混凝土预制桩。混凝土预制桩的截面形状、尺寸和长度可在一定范围内按需要选择，其横截面有方、圆等各种形状。

普通实心方桩的截面边长一般为300～500mm，现场预制桩的长度一般在25～30m，工厂预制桩的分节长度一般不超过12m，沉桩时在现场通过接桩连接到所需长度。

预应力混凝土管桩采用先张法预应力和离心成型法制作。经高压蒸汽养护生产的为PHC管桩，其桩身混凝土强度等级为C80或高于C80；未经高压蒸汽养护生产的为PCTP管桩（C60～接近C80）。建筑工程中常用的PHC、PC管桩的外径一般为300～600mm，分节长度为5～13m。

2）钢桩。常用的钢桩有下端开口或闭口的钢管桩以及H型钢桩等。

一般钢管桩的直径为250～1200mm。H型钢桩的穿透能力强，自重轻，锤击沉桩的效果好，承载能力高，无论起吊、运输或是沉桩、接桩都很方便。其缺点是耗钢量大，成本高，因而只在少数重要工程中使用。

3）木桩。木桩常用松木、杉木做成。其桩径（小头直径）一般为160～260mm，桩长为4～6m。

木桩自重小，具有一定的弹性和韧性，且便于加工、运输和施工。木桩在泼水环境下是耐久的，但在干湿交替的环境中极易腐烂，故应打入最低地下水位为0.5m。由于木桩的承载能力很小，以及木材的供应问题，现在只在木材产地和某些应急工程中使用。

（2）灌注桩。灌注桩是直接在所设计桩位处成孔，然后在孔内加入钢筋笼（也有省去钢筋的），再浇筑混凝土而成。与混凝土预制桩比较，灌注桩一般只根据使用期间可能出现的内力配置钢筋，用钢量较省。当持力层顶面起伏不平时，桩长可在施工过程中根据要求在某一范围内取定。灌注桩的横截面呈圆形，可以做成大直径和扩底桩。保证灌注桩承载力的关键在于施工时桩身的成形和混凝土质量。

灌注桩有几十个品种，大体可归纳为沉管灌注桩和钻（冲、磨、挖）孔灌注桩两大类。同一类桩还可按施工机械和施工方法以及直径的不同予以细分。

1）沉管灌注桩。沉管灌注桩可采用锤击振动、振动冲击等方法沉管成孔，其施工程序为：打桩机就位→沉管→浇筑混凝土→边拔管、边振动→安放钢筋笼→继续浇筑混凝土→成形。

为了扩大桩径（这时桩距不宜太小）和防止缩颈，可对沉管灌注桩加以"复打"。所谓复打，就是在浇灌混凝土并拔出钢管后，立即在原位放置预制桩尖（或闭合管端或瓣），再次沉管，并再浇筑混凝土。复打后的桩，其横截面面积增大，承载力提高，但其造价也相应增加。

2）钻（冲、磨、挖）孔灌注桩。各种钻孔在施工时都要把桩孔位置处的土排出地面，然后清除孔内残渣，安放钢筋笼，最后浇筑混凝土。直径为600mm或650mm的钻孔桩，常用回转机具成孔，桩长10～30m。目前国内的钻（冲、磨、挖）孔灌注桩在钻井时不下钢套筒，而是利用泥浆保护孔壁以防坍孔，清孔（排走孔底沉渣）后在水下浇筑混凝土，常用桩径有800mm、1000mm、1200mm等。我国常用灌注桩的适用范围见表4–17。

表4–17 常用灌注桩的适用范围

成 孔 方 法		适 用 范 围
泥浆护壁成孔	冲抓 冲击，直径800mm 回转钻	碎石类土、沙类土、粉土、黏性土及风化岩。冲击成孔的，进入中等风化和微风岩层的速度比回转钻快，深度可达40m以上
	潜水钻600mm，800mm	黏性土、淤泥、淤泥质土及沙土，深度可达50m

成 孔 方 法		适 用 范 围
干作业成孔	螺旋钻 400mm	地下水位以上的黏性土、粉土及人工填土,深度在 15m 内
	钻孔扩底,底部直径可达 1000mm	地下水位以上的坚硬土、硬塑的黏性土及中密以上的沙类土
	机动洛阳铲(人工)	地下水位以上黏性土、黄土及人工填土
沉管成孔	锤击 340～800mm	硬塑黏性土、粉土、沙类土,直径 600mm 以上的可达强风化岩,深度可在 20～30m
	振动 400～500mm	可塑黏性土、中细沙,深度可达 20m
爆扩成孔,底部直径可在 800mm		地下水位以上的黏性土、黄土、碎石类土及风化岩

(3)挖孔桩。挖孔桩可采用人工或机械挖掘成孔。人工挖孔桩施工时应人工降低地下水位,每挖探 0.9～1.0m,就浇筑或喷射一圈混凝土护壁(上下圈之间用插筋连接),达到所需深度时,再进行扩孔,最后在护壁内安装钢筋和浇筑混凝土。挖孔桩的优点是可直接观察地层情况、孔底易清除干净、设备简单、噪声小、各场区同时施工、桩径大、适应性强,且比较经济。

2. 清单工程量计算

(1)打桩。打桩工程量清单项目设置、项目特征描述的内容、计量单位及工程量计算规则应按表 4–18 的规定执行。

(2)灌注桩。灌注桩工程量清单项目设置、项目特征描述的内容、计量单位及工程量计算规则应按表 4–19 的规定执行。

表 4–18				打桩工程（编码：010301）		
项目编码	项目名称	项目特征	计量单位	工程量计算规则	工作内容	
010301001	预制钢筋混凝土方桩	1. 地层情况 2. 送桩深度、桩长 3. 桩截面 4. 桩倾斜度 5. 沉桩方式 6. 接桩方式 7. 混凝土强度等级	1. m 2. m³ 3. 根	1. 以米计量，按设计图示尺寸以桩长（包括桩尖）计算 2. 以立方米计量，按设计图示截面积乘以桩长（包括桩尖）以实体积计算 3. 以根计量，按设计图示数量计算	1. 工作平台搭拆 2. 桩机竖拆、移位 3. 沉桩 4. 接桩 5. 送桩	
010301002	预制钢筋混凝土管桩	1. 地层情况 2. 送桩深度、桩长 3. 桩外径、壁厚 4. 桩倾斜度 5. 沉桩方式 6. 接桩方式 7. 混凝土强度等级 8. 填充材料种类 9. 防护材料种类			1. 工作平台搭拆 2. 桩机竖拆、移位 3. 沉桩 4. 接桩 5. 送桩 6. 桩尖制作安装 7. 填充材料、刷防护材料	
010301003	钢管桩	1. 地层情况 2. 送桩深度，桩长 3. 材质 4. 管径、壁厚 5. 桩倾斜度 6. 沉桩方法 7. 填充材料种类 8. 防护材料种类	1. t 2. 根	1. 以吨计量，按设计图示尺寸以质量计算 2. 以根计量，按设计图示数量计算	1. 工作平台搭拆 2. 桩机竖拆、移位 3. 沉桩 4. 接桩 5. 送桩 6. 切割钢管、精割盖帽 7. 管内取土 8. 填充材料、刷防护材料	
010301004	截（凿）桩头	1. 桩类型 2. 桩头截面、高度 3. 混凝土强度等级 4. 有无钢筋	1. m³ 2. 根	1. 以立方米计量，按设计桩截面乘以桩头长度以体积计算 2. 以根计量，按设计图示数量计算	1. 截桩头 2. 凿平 3. 废料外运	

表 4-19 灌注桩工程（编码：010302）

项目编码	项目名称	项目特征	计量单位	工程量计算规则	工作内容
010302001	泥浆护壁或孔灌注桩	1. 地层情况 2. 空桩长度、桩长 3. 桩径 4. 成孔方法 5. 护筒类型、长度 6. 混凝土类别、强度等级	1. m 2. m³ 3. 根	1. 以米计量，按设计图示尺寸（包括桩长）计算 2. 以立方米计量，按不同截面在桩长范围内以体积计算 3. 以根计量，按设计图示数量计算	1. 护筒埋设 2. 成孔、固壁 3. 混凝土制作、运输、灌注、养护 4. 土方，废泥浆外运 5. 打桩场地硬化及泥浆池、泥浆沟
010302002	沉管灌注桩	1. 地层情况 2. 空桩长度、桩长 3. 复打长度 4. 桩径 5. 沉管方法 6. 桩尖类型 7. 混凝土类别、强度等级			1. 打（沉）拔钢管 2. 桩尖制作、安装 3. 混凝土制作、运输、灌注、养护
010302003	干作业成孔灌注桩	1. 地层情况 2. 空桩长度、桩长 3. 桩径 4. 扩孔直径、高度 5. 成孔方法 6. 混凝土类别、强度等级			1. 成孔、扩孔 2. 混凝土制作、运输、灌注、振捣、养护
010302004	挖孔桩土（石）方	1. 土（石）类别 2. 挖孔深度 3. 弃土（石）运距	m³	按设计图示尺寸截面积乘以挖孔深度以立方米计算	1. 排地表水 2. 挖土、凿石 3. 基底钎探 4. 运输
010302005	人工挖孔灌注桩	1. 桩芯长度 2. 桩芯直径、扩底直径、扩底高度 3. 护壁厚度、高度 4. 护壁混凝土类别、强度等级 5. 桩芯混凝土类别、强度等级	1. m³ 2. 根	1. 以立方米计量，按桩芯混凝土体积计算 2. 以根计算，按设计图示数量计算	1. 护壁制作 2. 混凝土制作、运输、灌注、振捣、养护

项目编码	项目名称	项目特征	计量单位	工程量计算规则	工作内容
010302006	钻孔压浆桩	1. 地层情况 2. 空钻长度、桩长 3. 钻孔直径 4. 水泥强度等级	1. m 2. 根	1. 以米计量，按设计图示尺寸以桩长计算 2. 以根计量，按设计图示数量计算	钻孔、下注浆管、投放骨料，浆液制作、运输，压浆
010302007	灌注桩后压浆	1. 注浆导管材料、规格 2. 注浆导管长度 3. 单孔注浆量 4. 水泥强度等级	孔	按设计图示以注浆孔数计算	1. 注浆导管制作、安装 2. 浆液制作、运输，压浆

3. 定额工程量计算

（1）计算打桩（灌注桩）工程量前应确定下列事项：

1）确定土质级别。依工程地质资料中的土层构造，土壤的物理、化学性质及每米沉桩时间鉴别适用定额土质级别。

2）确定施工方法、工艺流程、采用机型，以及桩、土壤、泥浆运距。

（2）打预制钢筋混凝土桩的体积，按设计桩长（包括桩尖，不扣除桩尖虚体积）乘以桩截面面积计算。管桩的空心体积应扣除。如管桩的空心部分按设计要求灌注混凝土或其他填充材料时，应另行计算。

1）方桩。方桩的计算公式为

$$V = FLN$$

式中　V——预制钢筋混凝土桩工程量，m^3；

　　　F——预制钢筋混凝土桩截面积，m^3；

　　　L——设计桩长（包括桩尖，不扣除桩尖虚体积），m；

　　　N——桩根数。

2）管桩。管桩的计算公式为

$$V = \pi (R^2 - r_2) LN$$

式中　R——管桩外半径，m；

r——管桩内半径，m。

（3）接桩。电焊接桩按设计接头，以个计算；硫黄胶泥接桩按桩断面，以平方米计算。

（4）送桩。按桩截面积乘以送桩长度（打桩架底至桩顶面高度，或自桩顶面至自然地坪面另加0.5m）计算。

（5）打拔钢板桩。按钢板桩质量以吨计算。

（6）打孔灌注桩。

1）混凝土桩、砂桩、碎石桩的体积，按设计规定的桩长（包括桩尖，不扣除桩尖虚体积）乘以钢管管箍外径截面积计算。

灌注混凝土桩，设计直径与钢管外径的选用见表4-20。

表4-20　　　　　灌注桩设计直径与钢管外径的选用表　　　　（mm）

设计外径	采用钢管外径	
300	325	371
350	371	377
400	425	—
450	465	—

计算公式为

$$V = \pi D^2/4L$$

或

$$V = \pi R^2 L$$

式中　D——钢管外径，m；

L——桩设计全长（包括桩尖），m；

R——钢管半径，m。

2）扩大桩的体积按单桩体积乘以次数计算。

3）打孔后先埋入预制混凝土桩尖再灌注混凝土者，桩尖接钢筋混凝土规定计算体积，灌注桩按设计长度（自桩尖顶面至桩顶面高度）乘以钢管管箍外径截面面积计算。预制混凝土桩尖计算体积的计算公式为

$$V = (1/3\pi R^2 H_1 + \pi r^2 H_2)\, n$$

式中 R，H_1——桩尖的半径和高度，m；

    r，H_2——桩尖芯的半径和高度，m；

    n——桩的根数。

（7）钻孔灌注桩，按设计桩长（包括桩尖，不扣除桩尖虚体积）增加 0.25m 乘以设计断面面积计算。其计算公式为

$$V = F(L+0.25)N$$

式中 V——钻孔灌注桩工程量，m^3；

    F——钻孔灌注桩设计截面积，m^2；

    L——设计桩长，m；

    N——钻孔灌注桩根数。

（8）灌注混凝土桩的钢筋笼制作依设计规定，按钢筋混凝土相应项目以吨计算。

（9）泥浆运输工程量按钻孔体积以立方米计算。

（10）其他。

1）安、拆导向夹具，按设计图纸规定的水平延长以米计算。

2）桩架 90°调面只适用轨道式、走管式、导杆、筒式柴油打桩机，以次计算。

二、桩基工程计算实例解析

如图 4-5 所示，为某建筑桩基础的平面布置图，下面根据所给出基础设计说明中的信息计算其桩基工程所包含的工作量。

（1）本工程根据×××市勘察测绘研究院提供的《岩土工程勘察报告》进行设计，本工程采用静压预应力混凝土管桩。执行规范：《建筑桩基技术规范》（JGJ 94—2008）、《混凝土结构设计规范》（GB 50010—2010）。选用图集：《预应力混凝土管桩》（10G409）、《平法图集》（11G101—3）。

（2）本工程地基基础设计等级为丙级。±0.000 相当于绝对标高 178.20m（此标高须与本小区的竖向设计核对无误后方可施工）。选用桩型 PHC 400 AB 95–20，桩身长度约 20m，且桩身进

入地址报告中的第⑥层粉质黏土层不小于 800mm。

（3）材料：承台、承台梁混凝土均为 C30；垫层混凝土为 C15。

（4）单桩竖向承载力特征值 $R_a = 700$kN。

（5）试桩、锚桩应严格按照《建筑基桩检测技术规范》（JGJ 106）的相关要求执行，应先进行场地试桩，工程桩施工完成后应进行单桩承载力试验，试桩极限值为特征值的 2 倍，检测数量不少于 3 根且不小于总桩数的 1%，同时应进行桩身质量检验，检验桩数不得少于总桩数的 20%。试桩合格后方可施工承台，并将试桩报告提供给设计院。

（6）单桩承载力应经静载荷试验检验，如实际与本设计不符，应通知设计院修改设计，施工中如遇人防等地下暗涌，应通知设计及建设单位共同处理。

（7）保护层厚：承台、承台梁为 40mm（底部为 50mm）。

（8）桩伸入承台 50mm：承台、承台梁底标高为–2.750m。

（9）在地下水位以上的基础，外墙侧面应回填非冻涨性的 100mm 粗沙。

（10）承台梁与承台相交处承台梁受力筋应伸入承台中 l_a。

（11）未编号的承台梁均为 CTL–2，且未定位的承台梁均为桩中心线居中布置。

（12）承台（梁）下均设 100 厚 C15 混凝土垫层。

（13）验槽完毕达到设计要求后应立即浇筑混凝土垫层，防止基础晾槽。

（14）本工程基础设计未考虑冬季施工，如冬季施工基础应采取可靠措施防止基础冻胀。

（15）一层地面以下的墙体除水暖洞口外，其余位置对应上部建筑有墙时无满堂砌筑，墙体起于承台梁。

（16）承台周围 1.5m 范围内的填土分层夯实，压实系数≥0.94。

（17）其他未尽事宜应严格按有关施工技术规程施工或设计单位协商解决。

某建筑桩承台示意图如图 4–6 所示。

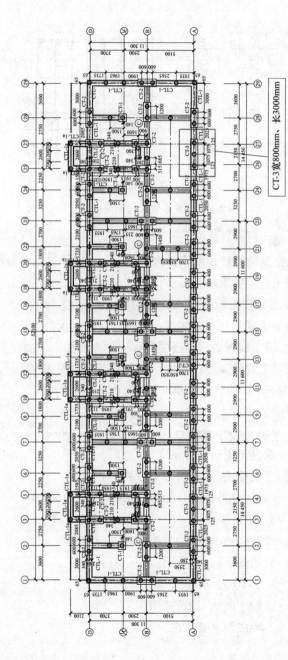

CT-3宽800mm、长3000mm

图4-5 某建筑桩基础平面布置图

65 ◂┄

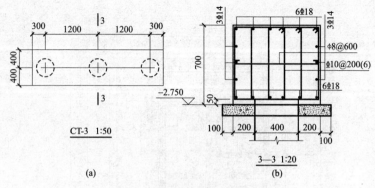

图 4-6 某建筑桩承台示意图

(a) 承台平面图；(b) 承台内部配筋

解：根据基础设计说明中给出的信息，可以计算出一根静压预应力混凝土管桩的工程量，即

混凝土管桩工程量=0.4×0.4×(20+0.8)=3.328（m³）

根据图 4-6 所给出的基本数据，可以计算出承台的体积（模板体积）、面积（模板面积、底面面积、侧面面积、顶面面积），以及承台钢筋工程量。给出基本信息：基础梁面积 0.682m²、垫层面积 0.107 5m²、构造出面积 0.273 8m²。

承台体积=长×宽×高

=(400+400)×(300+1200+1200+300)×700=1.68（m³）

模板体积=承台体积=1.68（m³）

模板面积=原始模板面积-基础梁面积

=[300+1200+1200+300)×700+(400+400)×700]×

=5.32（m²）

底面面积=(400+400)×(300+1200+1200+300)=2.4（m²）

侧面面积=原始侧面积-基础梁面积-垫层面积

=5.32-0.682-0.107 5=4.530 5（m²）

顶面面积=原始顶面积-构造柱面积

=2.4-0.273 8=2.126 2（m²）

承台内钢筋工程量计算，承台内配筋形式及数据见表4–21。

表 4–21　　　　　　承台配筋形式及数据

名称	级别	直径/mm	钢筋图形	根数	总根数	单长度/m	总度/m	总重/g
钢筋	Φ	18	2920	12	24	2.92	70.08	140.16
箍筋 1	Φ	10	610 720	16	32	2.789	89.536	55.244
箍筋 2	Φ	10	610 174	32	64	1.707	109.248	67.406
侧面受力筋	Φ	14	2920	6	12	2.92	35.04	42.398
拉筋	Φ	8	720	18	36	0.83	29.88	11.803

根据基础设计说明可知保护层厚度为 40mm。

Φ18 钢筋长度=梁宽–2×保护层厚度

$\qquad$ =3000–2×40=2920（mm）

Φ10 箍筋长度 1=2×(梁宽–2×保护层厚度)+(梁高–垫层厚度–

$\qquad$ 保护层厚度)+2×6.9d

$\qquad$ =2×(800–2×40)+(700–40–50)2×6.9×10

$\qquad$ =2798（mm）

Φ10 箍筋长度 2=2×{[(800–2×40–2×d–18)/5×1+18+2×d]+

$\qquad$ (700–40–50)}+2×(6.9×10)

$\qquad$ =1707（mm）

Φ14 侧面受力筋长度 1=梁宽–2×保护层厚度

$\qquad$ =3000–2×40=2920（mm）

Φ8 拉筋长度 1=(梁宽–2×保护层厚度)+2×6.9d

$\qquad$ =(800–2×40)+2×6.9×8=830（mm）

第三节　砌筑工程计算

一、砌筑工程计算规则

1. 砌筑工程的内容

砌筑工程主要内容包括砌砖、砌石和构筑物三个部分，具体内容见表 4–22。

表 4–22　　　　　　砌筑工程的主要内容

名称	内　　容
砌砖	砖基础、砖柱；砌块墙、多孔砖墙；砖砌外墙；砖砌内墙；空斗墙、空花墙；填充墙、墙面砌贴砖（地下室）；墙基防潮、围墙及其他
砌石	毛石基础、护坡、墙身；方整石墙、柱、台阶；荒料毛石加工（毛石面加工）
构筑物	烟囱砖基础，筒身及砖加工；烟囱内衬；烟道砌砖及烟道内衬；砖水塔；砌筑工程的内容可以参考图 4–7

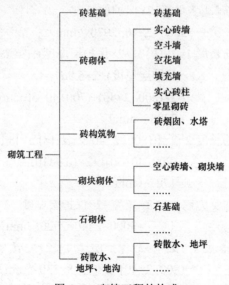

图 4–7　砌筑工程的构成

2. 清单工程量计算

（1）砖砌体。工程量清单项目设置、项目特征描述的内容、计量单位及工程量计算规则，应按表 4–23 的规定执行。

表 4–23 　　　　　砖砌体工程（编号：010401）

项目编码	项目名称	项目特征	计量单位	工程量计算规则	工作内容
010401001	砖基础	1. 砖品种、规格、强度等级 2. 基础类型 3 砂浆强度等级 4. 防潮层材料种类	m³	按设计图示尺寸以体积计算 包括附墙垛基础宽出部分体积，扣除地梁（圈梁）、构造柱所占体积，不扣除基础大放脚 T 形接头处的重叠部分及嵌入基础内的钢筋、铁件、管道、基础砂浆防潮层和单个面积≤0.3m² 的孔洞所占体积，靠墙暖气沟的挑檐不增加 基础长度：外墙按外墙中心线，内墙按内墙净长线计算	1. 砂浆制作、运输 2. 砌砖 3. 防潮层铺设 4. 材料运输
010401002	砖砌挖孔桩护壁	1. 砖品种、规格、强度等级 2. 砂浆强度等级	m³	按设计图示尺寸以立方米计算	1. 砂浆制作、运输 2. 砌砖 3. 材料运输
010401003	实心砖墙	1. 砖品种、规格、强度等级 2. 墙体类型 3. 砂浆强度等级、配合比	m³	按设计图示尺寸以体积计算 扣除门窗洞口、过人洞、空圈、嵌入墙内的钢筋混凝土柱、梁、圈梁、挑梁、过梁及凹进墙内的壁龛、管槽、暖气槽、消火栓箱所占体积，不扣除梁头、板头、檩头、垫木、木楞头、沿缘木、木砖、门窗走头、砖墙内加固钢筋、木筋、铁件、钢管及单个面积≤0.3m² 的孔洞所占的体积。凸出墙面的腰线、挑檐、压顶、窗台线、虎头砖、门窗套的体积也不增加。凸出墙面的砖垛并入墙体体积内计算	1. 砂浆制作、运输 2. 砌砖 3. 刮缝 4. 砖压顶砌筑 5. 材料运输
010401004	多孔砖墙	1. 砖品种、规格、强度等级 2. 墙体类型 3. 砂浆强度等级、配合比	m³		
010401005	空心砖墙	1. 砖品种、规格、强度等级 2. 墙体类型 3. 砂浆强度等级、配合比	m³		

项目编码	项目名称	项目特征	计量单位	工程量计算规则	工作内容
010401005	空心砖墙	1. 砖品种、规格、强度等级 2. 墙体类型 3. 砂浆强度等级、配合比	m³	1. 墙长度：外墙按中心线、内墙按净长计算 2. 墙高度： （1）外墙：斜（坡）屋面无檐口顶棚者算至屋面板底；有屋架且室内外均有顶棚者算至屋架下弦底另加200mm；无顶棚者算至屋架下弦底另加300mm，出檐宽度超过600mm时按实砌高度计算；与钢筋混凝土楼板隔层者算至板顶。平屋顶算至钢筋混凝土板底。 （2）内墙：位于屋架下弦者，算至屋架下弦底；无屋架者算至顶棚底另加100mm；有钢筋混凝土楼板隔层者算至楼板顶；有框架梁时算至梁底。 （3）女儿墙：从屋面板上表面算至女儿墙顶面（如有混凝土压顶时算至压顶下表面）。 （4）内、外山墙：按其平均高度计算。 3. 框架间墙：不分内外墙按墙体净尺寸以体积计算。 4. 围墙：高度算至压顶上表面（如有混凝土压顶时算至压顶下表面），围墙柱并入围墙体积内	1. 砂浆制作、运输 2. 砌砖 3. 装填充料 4. 刮缝 5. 材料运输
010401006	空斗墙	1. 砖品种、规格、强度等级 2. 墙体类型 3. 砂浆强度等级、配合比	m³	按设计图示尺寸以空斗墙外形体积计算 墙角、内外墙交接处、门窗洞口立边、窗台砖、屋檐处的实砌部分体积并入空斗墙体积内	1. 砂浆制作、运输 2. 砌砖 3. 装填充料 4. 刮缝 5. 材料运输
010401007	空花墙			按设计图示尺寸以空花部分外形体积计算，不扣除空洞部分体积	
010404008	填充墙			按设计图示尺寸以填充墙外形体积计算	

项目编码	项目名称	项目特征	计量单位	工程量计算规则	工作内容
010401009	实心砖柱	1. 砖品种、规格、强度等级 2. 柱类型 3. 砂浆强度等级、配合比	m³	按设计图示尺寸以体积计算 扣除混凝土及钢筋混凝土梁垫、梁头所占体积	1. 砂浆制作、运输 2. 砌砖 3. 刮缝 4. 材料运输
010404010	多孔砖柱	1. 砖品种、规格、强度等级 2. 柱类型 3. 砂浆强度等级、配合比	m³	按设计图示尺寸以体积计算 扣除混凝土及钢筋混凝土梁垫、梁头所占体积	1. 砂浆制作、运输 2. 砌砖 3. 刮缝 4. 材料运输
010404011	砖检查井	1. 井截面 2. 砖品种、规格、强度等级 3. 垫层材料种类、厚度 4. 底板厚度 5. 井盖安装 6. 混凝土强度等级 7. 砂浆强度等级 8. 防潮层材料种类	座	按设计图示数量计算	1. 砂浆制作、运输 2. 铺设垫层 3. 底板混凝土制作、运输、浇筑、振捣、养护 4. 砌砖 5. 刮缝 6. 井池底、壁抹灰 7. 抹防潮层 8. 材料运输
010404013	零星砌砖	1. 零星砌砖名称、部位 2. 砖品种、规格、强度等级 3. 砂浆强度等级、配合比	1. m³ 2. m² 3. m 4. 个	1. 以立方米计量，按设计图示尺寸截面积乘以长度计算 2. 以平方米计量，按设计图示尺寸水平投影面积计算 3. 以米计量，按设计图示尺寸长度计算 4. 以个计量，按设计图示数量计算	1. 砂浆制作、运输 2. 砌砖 3. 刮缝 4. 材料运输
010404014	砖散水、地坪	1. 砖品种、规格、强度等级 2. 垫层材料种类、厚度 3. 散水、地坪厚度 4. 面层种类、厚度 5. 砂浆强度等级	m²	按设计图示尺寸以面积计算	1. 土方挖、运、填 2. 地基找平、夯实 3. 铺设垫层 4. 砌砖散水、地坪 5. 抹砂浆面层

项目编码	项目名称	项目特征	计量单位	工程量计算规则	工作内容
010404015	砖地沟、明沟	1. 砖品种、规格、强度等级 2. 沟截面尺寸 3. 垫层材料种类、厚度 4. 混凝土强度等级 5. 砂浆强度等级	m	以米计量，按设计图示以中心线长度计算。	1. 土方挖、运、填 2. 铺设垫层 3. 底板混凝土制作、运输、浇筑、振捣、养护 4. 砌砖 5. 刮缝、抹灰 6. 材料运输

注 1. "砖基础"项目适用于各种类型砖基础，如柱基础、墙基础、管道基础等。

2. 基础与墙（柱）身使用同一种材料时，以设计室内地面为界（有地下室者，以地下室室内设计地面为界），以下为基础，以上为墙（柱）身。基础与墙身使用不同材料时，位于设计室内地面高度≤±300mm时，以不同材料为分界线，高度＞±300mm时，以设计室内地面为分界线。

3. 砖围墙以设计室外地坪为界，以下为基础，以上为墙身。

4. 框架外表面的镶贴砖部分，按零星项目编码列项。

5. 附墙烟囱、通风道、垃圾道等，应按设计图示尺寸以体积（扣除孔洞所占体积）计算并入所依附的墙体体积内。当设计规定孔洞内需抹灰时，应按楼地面装饰工程中零星抹灰项目编码列项。

6. 空斗墙的窗间墙、窗台下、楼板下、梁头下等的实砌部分，按零星砌砖项目编码列项。

7. "空花墙"项目适用于各种类型的空花墙，使用混凝土花格砌筑的空花墙，实砌墙体与混凝土花格应分别计算，混凝土花格按混凝土及钢筋混凝土中预制构件相关项目编码列项。

8. 台阶、台阶挡墙、梯带、锅台、炉灶、蹲台、池槽、池槽腿、砖胎模、花台、花池、楼梯栏板、阳台栏板、地垄墙、≤0.3m²的孔洞填塞等，应按零星砌砖项目编码列项。砖砌锅台与炉灶可按外形尺寸以个计算，砖砌台阶可按水平投影面积以平方米计算，小便槽、地垄墙可按长度计算，其他工程按立方米计算。

9. 砖砌体内钢筋加固，应按混凝土及钢筋混凝土工程中相关项目编码列项。

10. 砖砌体勾缝按楼地面装饰工程中相关项目编码列项。

11. 检查井内的爬梯按混凝土及钢筋混凝土工程中相关项目编码列项；井、池内的混凝土构件按混凝土及钢筋混凝土工程中混凝土及钢筋混凝土预制构件编码列项。

12. 当施工图设计标注做法见标准图集时，应注明标注图集的编码、页号及节点大样。

（2）砌块砌体。工程量清单项目设置、项目特征描述的内容、计量单位及工程量计算规则，应按表 4-24 的规定执行。

表 4-24　　　　砌块砌体工程（编号：010402）

项目名称	项目特征	计量单位	工程量计算规则	工作内容
砌块墙	1. 砌块品种、规格、强度等级 2. 墙体类型 3. 砂浆强度等级	m³	设计图示尺寸以体积计算 扣除门窗洞口、过人洞、空圈、嵌入墙内的钢筋混凝土柱、梁、圈梁、挑梁、过梁及凹进墙内的壁龛、管槽、暖气槽、消火栓箱所占体积，不扣除梁头、板头、檩头、垫木、木楞头、沿缘木、木砖、门窗走头、砌块墙内加固钢筋、木筋、铁件、钢管及单个面积≤0.3m² 的孔洞所占的体积。凸出墙面的腰线、挑檐、压顶、窗台线、虎头砖、门窗套的体积亦不增加。凸出墙面的砖垛并入墙体体积内计算 1. 墙长度：外墙按中心线、内墙按净长计算 2. 墙高度： （1）外墙：斜（坡）屋面无檐口顶棚者算至屋面板底；有屋架且室内外均有顶棚者算至屋架下弦底另加 200mm；无顶棚者算至屋架下弦底另加 300mm，出檐宽度超过 600mm 时按实砌高度计算；与钢筋混凝土楼板隔层者算至板顶；平屋面算至钢筋混凝土板底 （2）内墙：位于屋架下弦者，算至屋架下弦底；无屋架者算至顶棚底另加 100mm；有钢筋混凝土楼板隔层者算至楼板顶；有框架梁时算至梁底 （3）女儿墙：从屋面板上表面算至女儿墙顶面（如有混凝土压顶时算至压顶下表面） （4）内、外山墙：按其平均高度计算	1. 砂浆制作、运输 2. 砌砖、砌块 3. 勾缝 4. 材料运输

项目名称	项目特征	计量单位	工程量计算规则	工作内容
砌块墙	1. 砌块品种、规格、强度等级 2. 墙体类型 3. 砂浆强度等级	m³	3. 框架间墙：不分内外墙按墙体净尺寸以体积计算 4. 围墙：高度算至压顶上表面（如有混凝土压顶时算至压顶下表面），围墙柱并入围墙体积内	1. 砂浆制作、运输 2. 砌砖、砌块 3. 勾缝 4. 材料运输
砌块柱	1. 砖品种、规格、强度等级 2. 墙体类型 3. 砂浆强度等级	m³	按设计图示尺寸以体积计算 扣除混凝土及钢筋混凝土梁垫、梁头、板头所占体积	1. 砂浆制作、运输 2. 砌砖、砌块 3. 勾缝 4. 材料运输

注 1. 砌体内加筋、墙体拉结的制作、安装，应按附录 E 中相关项目编码列项。

2. 砌块排列应上、下错缝搭砌，如果搭错缝长度满足不了规定的压搭要求，应采取压砌钢筋网片的措施，具体构造要求按设计规定。若设计无规定时，应注明由投标人根据工程实际情况自行考虑。

3. 砌体垂直灰缝宽＞30mm 时，采用 C20 细石混凝土灌实。灌注的混凝土应按混凝土及钢筋混凝土工程相关项目编码列项。

（3）石砌体。工程量清单项目设置、项目特征描述的内容、计量单位及工程量计算规则，应按表 4–25 的规定执行。

表 4–25　　　　　石砌体工程（编号：010403）

项目编码	项目名称	项目特征	计量单位	工程量计算规则	工作内容
010403001	石基础	1. 石料种类、规格 2. 基础类型 3. 砂浆强度等级	m³	按设计图示尺寸以体积计算 包括附墙垛基础宽出部分体积，不扣除基础砂浆防潮层及单个面积≤0.3m² 的孔洞所占体积，靠墙暖气沟的挑檐不增加体积。基础长度：外墙按中心线，内墙按净长计算	1. 砂浆制作、运输 2. 吊装 3. 砌石 4. 防潮层铺设 5. 材料运输

项目编码	项目名称	项目特征	计量单位	工程量计算规则	工作内容
10403002	石勒脚	1. 石料种类、规格 2. 石表面加工要求 3. 勾缝要求 4. 砂浆强度等级、配合比	m³	按设计图示尺寸以体积计算，扣除单个面积＞0.3m²的孔洞所占的体积	1. 砂浆制作、运输 2. 吊装 3. 砌石 4. 石表面加工 5. 勾缝 6. 材料运输
010403003	石墙	1. 石料种类、规格 2. 石表面加工要求 3. 勾缝要求 4. 砂浆强度等级、配合比	m³	按设计图示尺寸以体积计算 扣除门窗洞口、过人洞、空圈、嵌入墙内的钢筋混凝土柱、梁、圈梁、挑梁、过梁及凹进墙内的壁龛、管槽、暖气槽、消火栓箱所占体积，不扣除梁头、板头、檩头、垫木、木楞头、沿缘木、木砖、门窗走头、石墙内加固钢筋、木筋、铁件、钢管及单个面积≤0.3m²的孔洞所占的体积。凸出墙面的腰线、挑檐、压顶、窗台线、虎头砖、门窗套的体积也不增加。凸出墙面的砖垛并入墙体体积内计算 1. 墙长度：外墙按中心线、内墙按净长计算 2. 墙高度： （1）外墙：斜（坡）屋面无檐口顶棚者算至屋面板底；有屋架且室内外均有顶棚者算至屋架下弦底另加200mm；无顶棚者算至屋架下弦底另加300mm，出檐宽度超过600mm时按实砌高度计算；平屋顶算至钢筋混凝土板底	1. 砂浆制作、运输 2. 吊装 3. 砌石 4. 石表面加工 5. 勾缝 6. 材料运输

项目编码	项目名称	项目特征	计量单位	工程量计算规则	工作内容
010403003	石墙	1. 石料种类、规格 2. 石表面加工要求 3. 勾缝要求 4. 砂浆强度等级、配合比	m³	（2）内墙：位于屋架下弦者，算至屋架下弦底；无屋架者算至顶棚底另加100mm；有钢筋混凝土楼板隔层者算至楼板顶；有框架梁时算至梁底 （3）女儿墙：从屋面板上表面算至女儿墙顶面（如有混凝土压顶时算至压顶下表面） （4）内、外山墙：按其平均高度计算 3. 围墙：高度算至压顶上表面（如有混凝土压顶时算至压顶下表面），围墙柱并入围墙体积内	1. 砂浆制作、运输 2. 吊装 3. 砌石 4. 石表面加工 5. 勾缝 6. 材料运输
010403004	石挡土墙	1. 石料种类、规格 2. 石表面加工要求 3. 勾缝要求 4. 砂浆强度等级、配合比	m³	按设计图示尺寸以体积计算	1. 砂浆制作、运输 2. 吊装 3. 砌石 4. 变形缝、泄水孔、压顶抹灰 5. 滤水层 6. 勾缝 7. 材料运输
010403005	石柱	1. 石料种类、规格 2. 石表面加工要求 3. 勾缝要求 4. 砂浆强度等级、配合比	m³	按设计图示尺寸以体积计算	1. 砂浆制作、运输 2. 吊装 3. 砌石 4. 石表面加工 5. 勾缝 6. 材料运输
010403006	石栏杆	1. 石料种类、规格 2. 石表面加工要求 3. 勾缝要求 4. 砂浆强度等级、配合比	m³	按设计图示以长度计算	1. 砂浆制作、运输 2. 吊装 3. 砌石 4. 石表面加工 5. 勾缝 6. 材料运输

项目编码	项目名称	项目特征	计量单位	工程量计算规则	工作内容
010403007	石护坡	1. 垫层材料种类、厚度 2. 石料种类、规格 3. 护坡厚度、高度 4. 石表面加工要求 5. 勾缝要求 6. 砂浆强度等级、配合比	m³	按设计图示尺寸以体积计算	1. 砂浆制作、运输 2. 吊装 3. 砌石 4. 石表面加工 5. 勾缝 6. 材料运输
010403008	石台阶	1. 垫层材料种类、厚度 2. 石料种类、规格 3. 护坡厚度、高度 4. 石表面加工要求 5. 勾缝要求 6. 砂浆强度等级、配合比	m³	按设计图示尺寸以体积计算	1. 铺设垫层 2. 石料加工 3. 砂浆制作、运输 4. 砌石 5. 石表面加工 6. 勾缝 7. 材料运输
010403009	石坡道	1. 垫层材料种类、厚度 2. 石料种类、规格 3. 护坡厚度、高度 4. 石表面加工要求 5. 勾缝要求 6. 砂浆强度等级、配合比	m²	按设计图示以水平投影面积计算	1. 铺设垫层 2. 石料加工 3. 砂浆制作、运输 4. 砌石 5. 石表面加工 6. 勾缝 7. 材料运输

项目编码	项目名称	项目特征	计量单位	工程量计算规则	工作内容
010403010	石地沟、明沟	1. 沟截面尺寸 2. 土壤类别、运距 3. 垫层材料种类、厚度 4. 石料种类、规格 5. 石表面加工要求 6. 勾缝要求 7. 砂浆强度等级、配合比	m	按设计图示以中心线长度计算	1. 土方挖、运 2. 砂浆制作、运输 3. 铺设垫层 4. 砌石 5. 石表面加工 6. 勾缝 7. 回填 8. 材料运输

注 1. 石基础、石勒脚、石墙的划分：基础与勒脚应以设计室外地坪为界。勒脚与墙身应以设计室内地面为界。石围墙内外地坪标高不同时，应以较低地坪标高为界，以下为基础；内外标高之差为挡土墙时，挡土墙以上为墙身。

　　2. "石基础"项目适用于各种规格（粗料石、细料石等）、各种材质（砂石、青石等）和各种类型（柱基、墙基、直形、弧形等）基础。

　　3. "石勒脚""石墙"项目适用于各种规格（粗料石、细料石等）、各种材质（砂石、青石、大理石、花岗石等）和各种类型（直形、弧形等）勒脚和墙体。

　　4. "石挡土墙"项目适用于各种规格（粗料石、细料石、块石、毛石、卵石等）、各种材质（砂石、青石、石灰石等）和各种类型（直形、弧形、台阶形等）挡土墙。

　　5. "石柱"项目适用于各种规格、各种石质、各种类型的石柱。

　　6. "石栏杆"项目适用于无雕饰的一般石栏杆。

　　7. "石护坡"项目适用于各种石质和各种石料（粗料石、细料石、片石、块石、毛石、卵石等）。

　　8. "石台阶"项目包括石梯带（垂带），不包括石梯膀，石梯膀应按桩基工程中石挡土墙项目编码列项。

　　9. 当施工图设计标注做法见标准图集时，应在项目特征描述中注明标注图集的编码、页号及节点大样。

（4）垫层。工程量清单项目设置、项目特征描述的内容、计量单位及工程量计算规则，应按表4-26的规定执行。

表 4-26　　　　　　　　垫层工程（编号：010404）

项目编码	项目名称	项目特征	计量单位	工程量计算规则	工作内容
010404001	垫层	垫层材料种类、配合比、厚度	m³	按设计图示尺寸以立方米计算	1. 垫层材料的拌制 2. 垫层铺设 3. 材料运输

注　除混凝土垫层应按混凝土及钢筋混凝土工程中相关项目编码列项外，没有包括垫层要求的清单项目应按本表垫层项目编码列项。

3. 定额工程量计算

（1）砌筑工程量一般规则。砌筑工程量的一般规则如下：

1）计算墙体时，应扣除门窗洞口、过人洞、空圈、嵌入墙身的钢筋混凝土柱、梁（包括过梁、圈梁、挑梁）、砖平碹、平砌砖过梁和暖气包壁龛及内墙板头的体积，并不扣除梁头、外墙板头、檩头、垫木、木楞头、沿椽木、木砖、门窗走头、砖墙内的加固钢筋、木筋、铁件、钢管及每个面积在 0.3m² 以下的孔洞等所占的体积，突出墙面的窗台虎头砖、压顶线、山墙泛水、烟囱根、门窗套及三皮砖以内的腰线和挑檐体积也不增加。

2）砖垛、三皮砖以上的腰线和挑檐等体积并入墙身体积内计算。

3）附墙烟囱（包括附墙通风道、垃圾道）按其外形体积计算，并入所依附的墙体积内，不扣除每一个孔洞横截面在 0.1m² 以下的体积，但孔洞内的抹灰工程量也不增加。

4）女儿墙高度，自外墙顶面至图示女儿墙顶面高度，区分不同墙厚并入外墙计算。

5）砖平拱、平砌砖过梁按图示尺寸以立方米计算。当设计无规定时，砖平碹按门窗洞口宽度两端共加100mm，乘以高度(门窗洞口宽小于 1500mm 时，高度为 240mm；大于 1500mm 时，高度为 365mm）计算；平砌砖过梁按门窗洞口宽度两端共加 500mm，高度按 440mm 计算。

（2）砌体厚度计算。

1）标准砖以 240mm×115mm×53mm 为准，其砌体计算厚度，按表 4-27 计算。

表 4-27　　　　　　　　　标准砖砌体计算厚度表

砖数/厚度	1/4	1/2	3/4	1	1.5	2	2.5	3
计算厚度/mm	53	115	180	240	365	490	615	740

2）使用非标准砖时，其砌体厚度应按砖实际规格和设计厚度计算。

（3）基础与墙身的划分。

1）基础与墙（柱）身使用同一种材料时，以设计室内地面为界（有地下室者，以地下室室内设计地面为界），以下为基础，以上为墙（柱）身。

2）基础与墙身使用不同材料时，位于设计室内地面±300mm 以内时，以不同材料为分界线，超过±300mm 时，以设计室内地面为分界线。

3）砖、石围墙，以设计室外地坪为分界线，以下为基础，以上为墙身。

（4）基础长度计算。

1）外墙墙基按外墙中心线长度计算；内墙墙基按内墙基净长计算。基础大放脚 T 形接头处的重叠部分以及嵌入基础的钢筋、铁件、管道、基础防潮层及单个面积在 0.3m² 以内孔洞所占体积不予扣除，但靠墙暖气沟的挑檐也不增加。附墙垛基础宽出部分体积应并入基础工程量内。

2）砖砌挖孔桩护壁工程量按实砌体积计算。

（5）墙长度计算。外墙长度按外墙中心线长度计算，内墙长度按内墙净长线计算。

（6）墙身高度计算。

1）外墙墙身高度：斜（坡）屋面无檐口顶棚者（图 4-8）算至屋面板底；有屋架，且室内外均有顶棚者（图 4-9），算至屋架下弦底面另加 200mm；无顶棚者算至屋架下弦底加 300mm，出檐宽度超过 600mm 时，应按实砌高度计算；平屋面（图 4-10）算至钢筋混凝土板底。

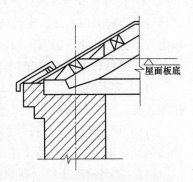

图 4-8　斜坡匾面无檐口顶棚

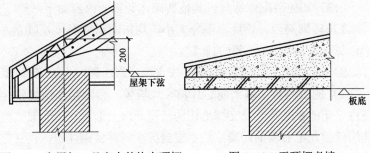

图 4-9　有屋架，且室内外均有顶棚　　　图 4-10　无顶棚者墙

2）内墙墙身高度：位于屋架下弦者，其高度算至屋架底；无屋架者算至顶棚底另加 100mm；有钢筋混凝土楼板隔层者算至板底；有框架梁时算至梁底面。

3）内、外山墙，墙身高度：按其平均高度计算。

（7）框架间砌体计算。框架间砌体分别内、外墙以框架间的净空面积乘以墙厚计算，框架外表镶贴砖部分也并入框架间砌体工程量内计算。

（8）空花墙计算。按空花部分外形体积以立方米计算，空花部分不予扣除，其中实体部分以立方米另行计算。

（9）空斗墙计算。按外形尺寸以立方米计算，墙角、内外墙交接处，门窗洞口立边，窗台砖及屋檐处的实砌部分已包括在定额内，不另行计算，但窗间墙、窗台下、楼板下、梁头下等实砌部分，应另行计算，套零星砌体定额项目。

（10）多孔砖、空心砖计算。按图示厚度以立方米计算，不扣除其孔、空心部分体积。

（11）填充墙计算。按外形尺寸以立方米计算，其中实砌部分已包括在定额内，不另计算。

（12）加气混凝土墙、硅酸盐砌块墙、小型空心砌块墙计算。

按图示尺寸以立方米计算，按设计规定需要镶嵌砖砌体部分已包括在定额内，不另行计算。

（13）其他砖砌体计算。其他砖砌体计算的内容如下：

1）砖砌锅台、炉灶，不分大小，均按图示外形尺寸以立方米计算，不扣除各种空洞的体积。

2）砖砌台阶（不包括梯带）按水平投影面积以平方米计算。

3）厕所蹲台、水槽腿、灯箱、垃圾箱、台阶挡墙或梯带、花台、花池、地垄墙及支撑地楞的砖墩、房上烟囱、屋面架空隔热层砖墩及毛石墙的门窗立边、窗台虎头砖等实砌体积，以立方米计算，套用零星砌体定额项目。

4）检查井及化粪池部分壁厚均以立方米计算，洞口上的砖平拱碹等并入砌体体积内计算。

5）砖砌地沟不分墙基、墙身，合并以立方米计算。石砌地沟按其中心线长度以延米计算。

（14）砖烟囱计算。

1）筒身：圆形、方形均按图示筒壁平均中心线周长乘以厚度并扣除筒身各种孔洞、钢筋混凝土过梁、圈梁等体积以立方米计算，其筒壁周长不同时可按下式分段计算。

$$V=\sum H\times C\times \pi D$$

式中　V——筒身体积；

　　H——每段筒身垂直高度；

　　C——每段筒壁厚度；

　　D——每段筒壁中心线的平均直径。

2）烟道、烟囱内衬按不同内衬材料并扣除孔洞后，以图示实体积计算。

3）烟囱内壁表面隔热层，按筒身内壁并扣除各种孔洞后的面积以平方米计算；填料按烟囱内衬与筒身之间的中心线平均周长乘以图示宽度和高度，并扣除各种孔洞所占体积（但不扣除连接横砖及防沉带体积）后以立方米计算。

4）烟道砌砖：烟道与炉体的划分以第一道闸门为界，炉体内的烟道部分列入炉体工程量计算。

（15）砖砌水塔。

1）水塔基础与塔身划分：以砖砌体的扩大部分顶面为界，以上为塔身，以下为基础，分别套相应基础砌体定额。

2）塔身以图示实砌体积计算，并扣除门窗洞口和混凝土构件所占体积，砖平拱砌及砖出檐等并入塔身体积内计算，套水塔砌筑定额。

3）砖水箱内外壁，不分壁厚，均以图示实砌体积计算，套相应的内外砖墙定额。

（16）砌体内钢筋。砌体内的钢筋加固应根据设计规定，以吨计算，套钢筋混凝土工程相应项目。

二、砌筑工程计算实例解析

【例4–3】如图 4–11 所示，为某建筑基础平面图及剖面图。给出图中数据 L_1=11.5m，L_2=4.4m，基础宽 A=2.7m，B=3.2m，H_1=2.1m，H_2=2.2m，a=0.5m，墙厚 b=0.37m，1–1 基础大放脚增加断面面积为 0.094 5m^2、2–2 基础大放脚增加断面面积为 0.126m^2，计算砖基础工程量。

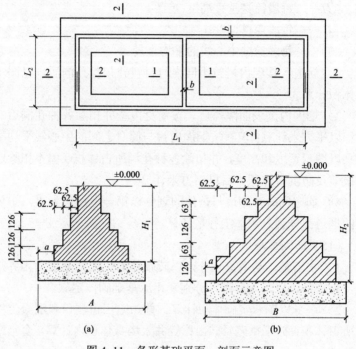

图 4–11 条形基础平面、剖面示意图

（a）1–1 剖面示意图；（b）2–2 剖面示意图

解：1–1 基础长度=4.4–(0.37+0.062 5×2)=3.905（m）

2–2 基础长度=(11.5+4.4)×2=31.8（m）

基础墙的断面面积 $A_o=b×H$=0.37×(2.1+2.2)=1.591（m²）

依据基础工程量 $V=L×(A_o+A_i)+V_b-V_k$ 可得出

基础工程量 V=(3.905+31.8)×1.591+3.905×0.094 5+

31.8×0.126=61.19（m²）

【例 4–4】如图 4–12 所示，为某建筑平面图及剖面图，已知 M1 尺寸为 1.5m×2.0m，M2 尺寸为 1.2m×2.4m，C1 尺寸为 2.0m× 2.0m，砖墙为 M10 混合砂浆砌筑，纵横墙均设 C25 混凝土圈梁，圈梁尺寸为 0.24m×0.18m，试计算砖墙体工程量。

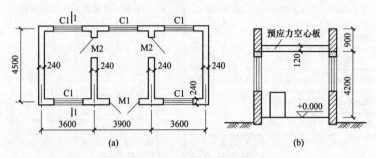

图 4–12 某工程平面图及剖面图

（a）平面图；（b）1–1 剖面图

解：外墙中心线长度：$L_{外}$=(3.6×2+3.9+4.5)×2=31.2（m）

内墙净长线长度：$L_{内}$=(4.5−0.24)×2=8.52（m）

门窗体积=1.5×2.0+1.2×2.4×2+2.0×2.0×5=28.76（m³）

混凝土圈梁体积=(31.2+8.52)×0.24×0.18=1.72（m³）

砖墙工程量=(墙长×墙高−门窗洞口面积)×墙厚+

应并入墙体体积−应扣除体积

={31.2×(4.2+0.9)+8.52×4.2−28.76}×0.24−1.72

=38.15（m²）

第四节 钢筋混凝土工程

一、钢筋混凝土工程计算规则

1. 清单工程量计算

（1）现浇混凝土基础。工程量清单项目设置、项目特征描述的内容、计量单位、工程量计算规则应按表 4–28 的规定执行。

表 4-28 　　　　現浇混凝土基础工程（编号：010501）

项目编码	项目名称	项目特征	计量单位	工程量计算规则	工作内容
010501001	垫层	1. 混凝土类别 2. 混凝土强度等级	m³	按设计图示尺寸以体积计算 不扣除构件内钢筋、预埋铁件和伸入承台基础的桩头所占体积	1. 模板及支撑制作、安装、拆除、堆放、运输及清理模内杂物、刷隔离剂等 2. 混凝土制作、运输、浇筑、振捣、养护
010501002	带形基础				
010501003	独立基础				
010501004	满堂基础				
010501005	桩承台基础				
010501006	设备基础	1. 混凝土类别 2. 混凝土强度等级 3. 灌浆材料、灌浆材料强度等级			

注 1. 有肋带形基础、无肋带形基础应按现浇混凝土基础中相关项目列项，并注明肋高。
　　2. 箱式满堂基础中柱、梁、墙、板按现浇混凝土柱、梁、墙、板中相关项目分别编码列项；箱式满堂基础底板按现浇混凝土基础中的满堂基础项目列项。
　　3. 框架式设备基础中柱、梁、墙、板分别按现浇混凝土柱、梁、墙、板相关项目编码列项；基础部分按现浇混凝土基础中相关项目编码列项。
　　4. 如为毛石混凝土基础，项目特征应描述毛石所占比例。

（2）现浇混凝土柱。工程量清单项目设置、项目特征描述的内容、计量单位、工程量计算规则应按表 4-29 的规定执行。

表 4-29 　　　　现浇混凝土柱工程（编号：010502）

项目编码	项目名称	项目特征	计量单位	工程量计算规则	工作内容
010502001	矩形柱	1. 混凝土类别 2. 混凝土强度等级	m³	按设计图示尺寸以体积计算 柱高： 1. 有梁板的柱高，应自柱基上表面（或楼板上表面）至上一层楼板上表面之间的高度计算 2. 无梁板的柱高，应自柱基上表面（或楼板上表面）至柱帽下表面之间的高度计算	1. 模板及支架（撑）制作、安装、拆除、堆放、运输及清理模内杂物、刷隔离剂等 2. 混凝土制作、运输、浇筑、振捣、养护

项目编码	项目名称	项目特征	计量单位	工程量计算规则	工作内容
010502001	矩形柱		m³	3. 框架柱的柱高:应自柱基上表面至柱顶高度计算 4. 构造柱按全高计算,嵌接墙体部分(马牙槎)并入柱身体积 5. 依附柱上的牛腿和升板的柱帽,并入柱身体积计算	
010502002	构造柱	1. 混凝土类别 2. 混凝土强度等级	m³	按设计图示尺寸以体积计算 不扣除构件内钢筋,预埋铁件所占体积。型钢混凝土柱扣除构件内型钢所占体积 柱高: 1. 有梁板的柱高,应自柱基上表面(或楼板上表面)至上一层楼板上表面之间的高度计算 2. 无梁板的柱高,应自柱基上表面(或楼板上表面)至柱帽下表面之间的高度计算 3. 框架柱的柱高:应自柱基上表面至柱顶高度计算 4. 构造柱按全高计算,嵌接墙体部分(马牙槎)并入柱身体积 5. 依附柱上的牛腿和升板的柱帽,并入柱身体积计算	1. 模板及支架(撑)制作、安装、拆除、堆放、运输及清理模内杂物、刷隔离剂等 2. 混凝土制作、运输、浇筑、振捣、养护
010502003	异形柱	1. 柱形状 2. 混凝土类别 3. 混凝土强度等级	m³	按设计图示尺寸以体积计算 不扣除构件内钢筋,预埋铁件所占体积型钢混凝土柱扣除构件内型钢所占体积 柱高:	1. 模板及支架(撑)制作、安装、拆除、堆放、运输及清理模内杂物、刷隔离剂等

项目编码	项目名称	项目特征	计量单位	工程量计算规则	工作内容
010502003	异形柱		m³	1. 有梁板的柱高，应自柱基上表面（或楼板上表面）至上一层楼板上表面之间的高度计算 2. 无梁板的柱高，应自柱基上表面（或楼板上表面）至柱帽下表面之间的高度计算 3. 框架柱的柱高：应自柱基上表面至柱顶高度计算 4. 构造柱按全高计算，嵌接墙体部分（马牙槎）并入柱身体积 5. 依附柱上的牛腿和升板的柱帽，并入柱身体积计算	2. 混凝土制作、运输、浇筑、振捣、养护

注 混凝土类别指清水混凝土、彩色混凝土等，当在同一地区既使用预拌（商品）混凝土、又允许现场搅拌混凝土时，也应注明。

（3）现浇混凝土梁。工程量清单项目设置、项目特征描述的内容、计量单位、工程量计算规则应按表 4-30 的规定执行。

表 4-30　　　　现浇混凝土梁工程（编号：010503）

项目编码	项目名称	项目特征	计量单位	工程量计算规则	工作内容
010503001	基础梁	1. 混凝土类别 2. 混凝土强度等级	m³	按设计图示尺寸以体积计算 伸入墙内的梁头、梁垫并入梁体积内 梁长： 1. 梁与柱连接时，梁长算至柱侧面 2. 主梁与次梁连接时，次梁长算至主梁侧面	1. 模板及支架（撑）制作、安装、拆除、堆放、运输及清理模内杂物、刷隔离剂等 2. 混凝土制作、运输、浇筑、振捣、养护

项目编码	项目名称	项目特征	计量单位	工程量计算规则	工作内容
010503002	矩形梁	1. 混凝土类别 2. 混凝土强度等级	m³	按设计图示尺寸以体积计算 不扣除构件内钢筋、预埋铁件所占体积，伸入墙内的梁头、梁垫并入梁体积内 型钢混凝土梁扣除构件内型钢所占体积 梁长： 1. 梁与柱连接时，梁长算至柱侧面 2. 主梁与次梁连接时，次梁长算至主梁侧面	1. 模板及支架（撑）制作、安装、拆除、堆放、运输及清理模内杂物、刷隔离剂等 2. 混凝土制作、运输、浇筑、振捣、养护
010503003	异形梁	1. 混凝土类别 2. 混凝土强度等级	m³	按设计图示尺寸以体积计算 不扣除构件内钢筋、预埋铁件所占体积，伸入墙内的梁头、梁垫并入梁体积内 型钢混凝土梁扣除构件内型钢所占体积 梁长： 1. 梁与柱连接时，梁长算至柱侧面 2. 主梁与次梁连接时，次梁长算至主梁侧面	1. 模板及支架（撑）制作、安装、拆除、堆放、运输及清理模内杂物、刷隔离剂等 2. 混凝土制作、运输、浇筑、振捣、养护
010503004	圈梁	1. 混凝土类别 2. 混凝土强度等级	m³	按设计图示尺寸以体积计算 不扣除构件内钢筋、预埋铁件所占体积，伸入墙内的梁头、梁垫并入梁体积内型钢混凝土梁扣除构件内型钢所占体积	1. 模板及支架（撑）制作、安装、拆除、堆放、运输及清理模内杂物、刷隔离剂等 2. 混凝土制作、运输、浇筑、振捣、养护

项目编码	项目名称	项目特征	计量单位	工程量计算规则	工作内容
010503004	圈梁		m³	梁长： 1. 梁与柱连接时，梁长算至柱侧面 2. 主梁与次梁连接时，次梁长算至主梁侧面	
010503005	过梁	1. 混凝土类别 2. 混凝土强度等级	m³	按设计图示尺寸以体积计算 不扣除构件内钢筋、预埋铁件所占体积，伸入墙内的梁头、梁垫并入梁体积内型钢混凝土梁扣除构件内型钢所占体积 梁长： 1. 梁与柱连接时，梁长算至柱侧面 2. 主梁与次梁连接时，次梁长算至主梁侧面	1. 模板及支架（撑）制作、安装、拆除、堆放、运输及清理模内杂物、刷隔离剂等 2. 混凝土制作、运输、浇筑、振捣、养护
010503006	弧形、拱形梁	1. 混凝土类别 2. 混凝土强度等级	m³	按设计图示尺寸以体积计算 伸入墙内的梁头、梁垫并入梁体积内 梁长： 1. 梁与柱连接时，梁长算至柱侧面 2. 主梁与次梁连接时，次梁长算至主梁侧面	1. 模板及支架（撑）制作、安装、拆除、堆放、运输及清理模内杂物、刷隔离剂等 2. 混凝土制作、运输、浇筑、振捣、养护

（4）现浇混凝土墙。工程量清单项目设置、项目特征描述的内容、计量单位、工程量计算规则应按表4-31的规定执行。

表 4–31　　　　　　现浇混凝土墙工程（编号：010504）

项目编码	项目名称	项目特征	计量单位	工程量计算规则	工作内容
010504001	直形墙	1. 混凝土类别 2. 混凝土强度等级	m³	按设计图示尺寸以体积计算 扣除门窗洞口及单个面积>0.3m²的孔洞所占体积，墙垛及突出墙面部分并入墙体体积计算内	1. 模板及支架（撑）制作、安装、拆除、堆放、运输及清理模内杂物、刷隔离剂等 2. 混凝土制作、运输、浇筑、振捣、养护
010504002	弧形墙	1. 混凝土类别 2. 混凝土强度等级	m³	按设计图示尺寸以体积计算 不扣除构件内钢筋、预埋铁件所占体积，扣除门窗洞口及单个面积>0.3m²的孔洞所占体积，墙垛及突出墙面部分并入墙体体积计算内	1. 模板及支架（撑）制作、安装、拆除、堆放、运输及清理模内杂物、刷隔离剂等 2. 混凝土制作、运输、浇筑、振捣、养护
010504003	短肢剪力墙	1. 混凝土类别 2. 混凝土强度等级	m³	按设计图示尺寸以体积计算 不扣除构件内钢筋、预埋铁件所占体积，扣除门窗洞口及单个面积>0.3m²的孔洞所占体积，墙垛及突出墙面部分并入墙体体积计算内	1. 模板及支架（撑）制作、安装、拆除、堆放、运输及清理模内杂物、刷隔离剂等 2. 混凝土制作、运输、浇筑、振捣、养护
010504004	挡土墙	1. 混凝土类别 2. 混凝土强度等级	m³	按设计图示尺寸以体积计算 不扣除构件内钢筋、预埋铁件所占体积，扣除门窗洞口及单个面积>0.3m²的孔洞所占体积，墙垛及突出墙面部分并入墙体体积计算内	1. 模板及支架（撑）制作、安装、拆除、堆放、运输及清理模内杂物、刷隔离剂等 2. 混凝土制作、运输、浇筑、振捣、养护

注　短肢剪力墙是指截面厚度不大于300mm、各肢截面高度与厚度之比的最大值大于4但不大于8的剪力墙；各肢截面高度与厚度之比的最大值不大于4的剪力墙按柱项目编码列项。

（5）现浇混凝土板。工程量清单项目设置、项目特征描述的内容、计量单位、工程量计算规则应按表4-32的规定执行。

表4-32　　　　现浇混凝土板工程（编号：010505）

项目编码	项目名称	项目特征	计量单位	工程量计算规则	工作内容
010505001	有梁板	1. 混凝土类别 2. 混凝土强度等级	m³	按设计图示尺寸以体积计算 不扣除构件内钢筋、预埋铁件及单个面积≤0.3m² 的柱、垛以及孔洞所占体积 压形钢板混凝土楼板扣除构件内压形钢板所占体积 有梁板（包括主、次梁与板）按梁、板体积之和计算，无梁板按板和柱帽体积之和计算，各类板伸入墙内的板头并入板体积内，薄壳板的肋、基梁并入薄壳体积内计算	1. 模板及支架（撑）制作、安装、拆除、堆放、运输及清理模内杂物、刷隔离剂等 2. 混凝土制作、运输、浇筑、振捣、养护
010505002	无梁板	1. 混凝土类别 2. 混凝土强度等级	m³	按设计图示尺寸以体积计算 不扣除构件内钢筋、预埋铁件及单个面积≤0.3m² 以及孔洞所占体积 压形钢板混凝土楼板扣除构件内压形钢板所占体积 有梁板（包括主、次梁与板）按梁、板体积之和计算，无梁板按板和柱帽体积之和计算，各类板伸入墙内的板头并入板体积内，薄壳板的肋、基梁并入薄壳体积内计算	1. 模板及支架（撑）制作、安装、拆除、堆放、运输及清理模内杂物、刷隔离剂等 2. 混凝土制作、运输、浇筑、振捣、养护

项目编码	项目名称	项目特征	计量单位	工程量计算规则	工作内容
010505003	平板	1. 混凝土类别 2. 混凝土强度等级	m³	按设计图示尺寸以体积计算 不扣除构件内钢筋、预埋铁件及单个面积≤0.3m² 的柱、垛以及孔洞所占体积 压形钢板混凝土楼板扣除构件内压形钢板所占体积 有梁板（包括主、次梁与板）按梁、板体积之和计算，无梁板按板和柱帽体积之和计算，各类板伸入墙内的板头并入板体积内，薄壳板的肋、基梁并入薄壳体积内计算	1. 模板及支架（撑）制作、安装、拆除、堆放、运输及清理模内杂物、刷隔离剂等 2. 混凝土制作、运输、浇筑、振捣、养护
010505004	拱板	1. 混凝土类别 2. 混凝土强度等级	m³	按设计图示尺寸以体积计算 不扣除构件内钢筋、预埋铁件及单个面积≤0.3m² 的柱、垛以及孔洞所占体积 压形钢板混凝土楼板扣除构件内压形钢板所占体积 有梁板（包括主、次梁与板）按梁、板体积之和计算，无梁板按板和柱帽体积之和计算，各类板伸入墙内的板头并入板体积内，薄壳板的肋、基梁并入薄壳体积内计算	1. 模板及支架（撑）制作、安装、拆除、堆放、运输及清理模内杂物、刷隔离剂等 2. 混凝土制作、运输、浇筑、振捣、养护

项目编码	项目名称	项目特征	计量单位	工程量计算规则	工作内容
010505005	薄壳板	1. 混凝土类别 2. 混凝土强度等级	m³	按设计图示尺寸以体积计算 不扣除构件内钢筋、预埋铁件及单个面积≤0.3m²的柱、垛以及孔洞所占体积 压形钢板混凝土楼板扣除构件内压形钢板所占体积 有梁板（包括主、次梁与板）按梁、板体积之和计算，无梁板按板和柱帽体积之和计算，各类板伸入墙内的板头并入板体积内，薄壳板的肋、基梁并入薄壳体积内计算	1. 模板及支架（撑）制作、安装、拆除、堆放、运输及清理模内杂物、刷隔离剂等 2. 混凝土制作、运输、浇筑、振捣、养护
010505006	栏板	1. 混凝土类别 2. 混凝土强度等级	m³	按设计图示尺寸以体积计算 不扣除构件内钢筋、预埋铁件及单个面积≤0.3m²的柱、垛以及孔洞所占体积 压形钢板混凝土楼板扣除构件内压形钢板所占体积 有梁板（包括主、次梁与板）按梁、板体积之和计算，无梁板按板和柱帽体积之和计算，各类板伸入墙内的板头并入板体积内，薄壳板的肋、基梁并入薄壳体积内计算	1. 模板及支架（撑）制作、安装、拆除、堆放、运输及清理模内杂物、刷隔离剂等 2. 混凝土制作、运输、浇筑、振捣、养护
010505007	天沟（檐沟）、挑檐板	1. 混凝土类别 2. 混凝土强度等级	m³	按设计图示尺寸以体积计算	1. 模板及支架（撑）制作、安装、拆除、堆放、运输及清理模内杂物、刷隔离剂等 2. 混凝土制作、运输、浇筑、振捣、养护

项目编码	项目名称	项目特征	计量单位	工程量计算规则	工作内容
010505008	雨篷、悬挑板、阳台板	1. 混凝土类别 2. 混凝土强度等级	m³	按设计图示尺寸以墙外部分体积计算 包括伸出墙外的牛腿和雨篷反挑檐的体积	1. 模板及支架（撑）制作、安装、拆除、堆放、运输及清理模内杂物、刷隔离剂等 2. 混凝土制作、运输、浇筑、振捣、养护
010505009	空心板	1. 混凝土类别 2. 混凝土强度等级	m³	按设计图示尺寸以体积计算 空心板（GBF高强薄壁蜂巢芯板等）应扣除空心部分体积	1. 模板及支架（撑）制作、安装、拆除、堆放、运输及清理模内杂物、刷隔离剂等 2. 混凝土制作、运输、浇筑、振捣、养护
010505010	其他板	1. 混凝土类别 2. 混凝土强度等级	m³	按设计图示尺寸以体积计算 空心板（GBF高强薄壁蜂巢芯板等）应扣除空心部分体积	1. 模板及支架（撑）制作、安装、拆除、堆放、运输及清理模内杂物、刷隔离剂等 2. 混凝土制作、运输、浇筑、振捣、养护

注 现浇挑檐、天沟板、雨篷、阳台与板（包括屋面板、楼板）连接时，以外墙外边线为分界线；与圈梁（包括其他梁）连接时，以梁外边线为分界线。外边线以外为挑檐、天沟、雨篷或阳台。

（6）现浇混凝土楼梯。工程量清单项目设置、项目特征描述的内容、计量单位、工程量计算规则应按表4–33的规定执行。

表4–33　现浇混凝土楼梯工程（编号：010506）

项目编码	项目名称	项目特征	计量单位	工程量计算规则	工作内容
010506001	直形楼梯	1. 混凝土类别	1. m²	1. 以平方米计量，按设计图示尺寸以水平投影面积计算 不扣除宽度≤500mm的楼梯井，伸入墙内部分不计算	1. 模板及支架（撑）制作、安装、拆除、堆放、运输及清理模内杂物、刷隔离剂等

项目编码	项目名称	项目特征	计量单位	工程量计算规则	工作内容
010506001	直形楼梯	2. 混凝土强度等级	2. m³	2. 以立方米计量，按设计图示尺寸以体积计算	2. 混凝土制作、运输、浇筑、振捣、养护
010506002	弧形楼梯	1. 混凝土类别 2. 混凝土强度等级	1. m² 2. m³	1. 以平方米计量，按设计图示尺寸以水平投影面积计算 不扣除宽度≤500mm的楼梯井，伸入墙内部分不计算 2. 以立方米计量，按设计图示尺寸以体积计算。	1. 模板及支架（撑）制作、安装、拆除、堆放、运输及清理模内杂物、刷隔离剂等 2. 混凝土制作、运输、浇筑、振捣、养护

注 整体楼梯（包括直形楼梯、弧形楼梯）水平投影面积包括休息平台、平台梁、斜梁和楼梯的连接梁。当整体楼梯与现浇楼板无梯梁连接时，以楼梯的最后一个踏步边缘加300mm为分界线。

（7）现浇混凝土其他构件。工程量清单项目设置、项目特征描述的内容、计量单位、工程量计算规则应按表4-34的规定执行。

表4-34　　现浇混凝土其他构件工程（编号：010507）

项目编码	项目名称	项目特征	计量单位	工程量计算规则	工作内容
010507001	散水、坡道	1. 垫层材料种类、厚度 2. 面层厚度 3. 混凝土类别 4. 混凝土强度等级 5. 变形缝填塞材料种类	m²	按设计图示尺寸以水平投影面积计算。不扣除单个≤0.3m²的孔洞所占面积	1. 地基夯实 2. 铺设垫层 3. 模板及支撑制作、安装、拆除、堆放、运输及清理模内杂物、刷隔离剂等 4. 混凝土制作、运输、浇筑、振捣、养护 5. 变形缝填塞
010507002	室外地坪	1. 地坪厚度 2. 混凝土强度等级			
010507003	电缆沟、地沟	1. 土壤类别；沟截面净空尺寸 2. 沟截面净空尺寸 3. 垫层材料种类、厚度 4. 混凝土类别 5. 混凝土强度等级 6. 防护材料种类	m	以米计量，按设计图示以中心线长计算	1. 挖填、运土石方 2. 铺设垫层 3. 模板及支撑制作、安装、拆除、堆放、运输及清理模内杂物、刷隔离剂等 4. 混凝土制作、运输、浇筑、振捣、养护 5. 刷防护材料

项目编码	项目名称	项目特征	计量单位	工程量计算规则	工作内容
010507004	台阶	1. 踏步高宽比 2. 混凝土类别 3. 混凝土强度等级	1. m² 2. m³	1. 以平方米计量，按设计图示尺寸水平投影面积计算 2. 以立方米计量，按设计图示尺寸以体积计算	1. 模板及支架(撑)制作、安装、拆除、堆放、运输及清理模内杂物、刷隔离剂等 2. 混凝土制作、运输、浇筑、振捣、养护
010507005	扶手、压顶	1. 断面尺寸 2. 混凝土类别 3. 混凝土强度等级	1. m 2. m³	1. 以米计量，按设计图示的延长米计算 2. 以立方米计量，按设计图示尺寸以体积计算	1. 模板及支架(撑)制作、安装、拆除、堆放、运输及清理模内杂物、刷隔离剂等 2. 混凝土制作、运输、浇筑、振捣、养护
10507006	化粪池、检查井	1. 混凝土强度等级 2. 防水、抗渗要求	1. m³ 2. 座	1. 按设计图示尺寸以体积计算 2. 以座计量，按设计图示数量计算	1. 模板及支架(撑)制作、安装、拆除、堆放、运输及清理模内杂物、刷隔离剂等 2. 混凝土制作、运输、浇筑、振捣、养护
010507011	其他构件	1. 构件的类型 2. 构件规格 3. 部位 4. 混凝土类别 5. 混凝土强度等级	m³	按设计图示尺寸以体积计算 不扣除构件内钢筋、预埋铁件所占体积	1. 模板及支架(撑)制作、安装、拆除、堆放、运输及清理模内杂物、刷隔离剂等 2. 混凝土制作、运输、浇筑、振捣、养护

注　1. 现浇混凝土小型池槽、垫块、门框等，应按本表其他构件项目编码列项。
　　2. 架空式混凝土台阶，按现浇楼梯计算。

（8）后浇带。工程量清单项目设置、项目特征描述的内容、计量单位、工程量计算规则应按表4-35的规定执行。

表 4–35　　　　　　　　后浇带工程（编号：010508）

项目编码	项目名称	项目特征	计量单位	工程量计算规则	工作内容
010508001	后浇带	1. 混凝土类别 2. 混凝土强度等级	m³	按设计图示尺寸以体积计算	1. 模板及支架（撑）制作、安装、拆除、堆放、运输及清理模内杂物、刷隔离剂 2. 混凝土制作、运输、浇筑、振捣、养护及混凝土交接面、钢筋等的清理

（9）预制混凝土柱。工程量清单项目设置、项目特征描述的内容、计量单位、工程量计算规则应按表 4–36 的规定执行。

表 4–36　　　　　　　预制混凝土柱工程（编号：010509）

项目编码	项目名称	项目特征	计量单位	工程量计算规则	工作内容
010509001	矩形柱	1. 图代号 2. 单件体积 3. 安装高度 4. 混凝土强度等级 5. 砂浆（细石混凝土）强度等级、配合比	1. m³ 2. 根	1. 以立方米计量，按设计图示尺寸以体积计算 2. 以根计量，按设计图示尺寸以数量计算	1. 模板制作、安装、拆除、堆放、运输及清理模内杂物、刷隔离剂等 2. 混凝土制作、运输、浇筑、振捣、养护 3. 构件运输、安装 2. 砂浆制作、运输 3. 接头灌缝、养护
010509002	异形柱	1. 图代号 2. 单件体积 3. 安装高度 4. 混凝土强度等级 5. 砂浆强度等级、配合比	1. m³ 2. 根	1. 以立方米计量，按设计图示尺寸以体积计算 不扣除构件内钢筋、预埋铁件所占体积 2. 以根计量，按设计图示尺寸以数量计算	1. 构件安装 2. 砂浆制作、运输 3. 接头灌缝、养护

注　以根计量，必须描述单件体积。

（10）预制混凝土梁。工程量清单项目设置、项目特征描述的内容、计量单位、工程量计算规则应按表4–37的规定执行。

表4–37　　　　　　预制混凝土梁工程（编号：010510）

项目编码	项目名称	项目特征	计量单位	工程量计算规则	工作内容
010510001	矩形梁	1. 图代号 2. 单件体积 3. 安装高度 4. 混凝土强度等级 5. 砂浆（细石混凝土）强度等级、配合比	1. m³ 2. 根	1. 以立方米计量，按设计图示尺寸以体积计算 不扣除构件内钢筋、预埋铁件所占体积 2. 以根计量，按设计图示尺寸以数量计算	1. 模板制作、安装、拆除、堆放、运输及清理模内杂物、刷隔离剂等 2. 混凝土制作、运输、浇筑、振捣、养护 3. 构件运输、安装 4. 砂浆制作、运输 5. 接头灌缝、养护
010510002	异形梁	1. 图代号 2. 单件体积 3. 安装高度 4. 混凝土强度等级 5. 砂浆强度等级、配合比	1. m³ 2. 根	1. 以立方米计量，按设计图示尺寸以体积计算 不扣除构件内钢筋、预埋铁件所占体积 2. 以根计量，按设计图示尺寸以数量计算	1. 构件安装 2. 砂浆制作、运输 3. 接头灌缝、养护
010510003	过梁	1. 图代号 2. 单件体积 3. 安装高度 4. 混凝土强度等级 5. 砂浆强度等级、配合比	1. m³ 2. 根	1. 以立方米计量，按设计图示尺寸以体积计算 不扣除构件内钢筋、预埋铁件所占体积 2. 以根计量，按设计图示尺寸以数量计算	1. 构件安装 2. 砂浆制作、运输 3. 接头灌缝、养护
010510004	拱形梁	1. 图代号 2. 单件体积 3. 安装高度 4. 混凝土强度等级 5. 砂浆强度等级、配合比	1. m³ 2. 根	1. 以立方米计量，按设计图示尺寸以体积计算 不扣除构件内钢筋、预埋铁件所占体积 2. 以根计量，按设计图示尺寸以数量计算	1. 构件安装 2. 砂浆制作、运输 3. 接头灌缝、养护

项目编码	项目名称	项目特征	计量单位	工程量计算规则	工作内容
010510005	鱼腹式吊车梁	1. 图代号 2. 单件体积 3. 安装高度 4. 混凝土强度等级 5. 砂浆强度等级、配合比	1. m³ 2. 根	1. 以立方米计量，按设计图示尺寸以体积计算 不扣除构件内钢筋、预埋铁件所占体积 2. 以根计量，按设计图示尺寸以数量计算	1. 构件安装 2. 砂浆制作、运输 3. 接头灌缝、养护
010510006	其他梁	1. 图代号 2. 单件体积 3. 安装高度 4. 混凝土强度等级 5. 砂浆强度等级、配合比	1. m³ 2. 根	1. 以立方米计量，按设计图示尺寸以体积计算 不扣除构件内钢筋、预埋铁件所占体积 2. 以根计量，按设计图示尺寸以数量计算	1. 构件安装 2. 砂浆制作、运输 3. 接头灌缝、养护

注　以根计量，必须描述单件体积。

（11）预制混凝土屋架。工程量清单项目设置、项目特征描述的内容、计量单位、工程量计算规则应按表 4-38 的规定执行。

表 4-38　　　　预制混凝土屋架工程（编号：010511）

项目编码	项目名称	项目特征	计量单位	工程量计算规则	工作内容
010511001	折线型	1. 图代号 2. 单件体积 3. 安装高度 4. 混凝土强度等级 5. 砂浆（细石混凝土）强度等级、配合比	1. m³ 2. 榀	1. 以立方米计量，按设计图示尺寸以体积计算 不扣除构件内钢筋、预埋铁件所占体积 2. 以榀计量，按设计图示尺寸以数量计算	1. 模板制作、安装、拆除、堆放、运输及清理模内杂物、刷隔离剂等 2. 混凝土制作、运输、浇筑、振捣、养护 3. 构件运输、安装 4. 砂浆制作、运输 5. 接头灌缝、养护

项目编码	项目名称	项目特征	计量单位	工程量计算规则	工作内容
010511002	组合	1. 图代号 2. 单件体积 3. 安装高度 4. 混凝土强度等级 5. 砂浆强度等级、配合比	1. m³ 2. 榀	1. 以立方米计量,按设计图示尺寸以体积计算 不扣除构件内钢筋、预埋铁件所占体积 2. 以榀计量,按设计图示尺寸以数量计算	1. 构件安装 2. 砂浆制作、运输 3. 接头灌缝、养护
010511003	薄腹	1. 图代号 2. 单件体积 3. 安装高度 4. 混凝土强度等级 5. 砂浆强度等级、配合比	1. m³ 2. 榀	1. 以立方米计量,按设计图示尺寸以体积计算 不扣除构件内钢筋、预埋铁件所占体积 2. 以榀计量,按设计图示尺寸以数量计算	1. 构件安装 2. 砂浆制作、运输 3. 接头灌缝、养护
010511004	门式刚架	1. 图代号 2. 单件体积 3. 安装高度 4. 混凝土强度等级 5. 砂浆强度等级、配合比	1. m³ 2. 榀	1. 以立方米计量,按设计图示尺寸以体积计算 不扣除构件内钢筋、预埋铁件所占体积 2. 以榀计量,按设计图示尺寸以数量计算	1. 构件安装 2. 砂浆制作、运输 3. 接头灌缝、养护
010511005	天窗架	1. 图代号 2. 单件体积 3. 安装高度 4. 混凝土强度等级 5. 砂浆强度等级、配合比	1. m³ 2. 榀	1. 以立方米计量,按设计图示尺寸以体积计算 不扣除构件内钢筋、预埋铁件所占体积 2. 以榀计量,按设计图示尺寸以数量计算	1. 构件安装 2. 砂浆制作、运输 3. 接头灌缝、养护

注 1. 以榀计量,必须描述单件体积。
2. 三角形屋架应按本表中折线型屋架项目编码列项。

（12）预制混凝土板。工程量清单项目设置、项目特征描述的内容、计量单位、工程量计算规则应按表 4-39 的规定执行。

表 4-39   预制混凝土板工程（编号：010512）

项目编码	项目名称	项目特征	计量单位	工程量计算规则	工作内容
010512001	平板	1. 图代号 2. 单件体积 3. 安装高度 4. 混凝土强度等级 5. 砂浆（细石混凝土）强度等级、配合比	1. m³ 2. 块	1. 以立方米计量，按设计图示尺寸以体积计算 不扣除单个尺寸≤300mm×300mm 的孔洞所占体积，扣除空心板空洞体积 2. 以块计量，按设计图示尺寸以数量计算	1. 模板制作、安装、拆除、堆放、运输及清理模内杂物、刷隔离剂等 2. 混凝土制作、运输、浇筑、振捣、养护 3. 构件运输、安装 4. 砂浆制作、运输 5. 接头灌缝、养护
010512002	空心板	1. 图代号 2. 单件体积 3. 安装高度 4. 混凝土强度等级 5. 砂浆强度等级、配合比	1. m³ 2. 块	1. 以立方米计量，按设计图示尺寸以体积计算 不扣除构件内钢筋、预埋铁件及单个尺寸≤300mm×300mm 的孔洞所占体积，扣除空心板空洞体积 2. 以块计量，按设计图示尺寸以数量计算	1. 模板制作、安装、拆除、堆放、运输及清理模内杂物、刷隔离剂等 2. 混凝土制作、运输、浇筑、振捣、养护 3. 构件运输、安装 4. 砂浆制作、运输 5. 接头灌缝、养护
010512003	槽形板	1. 图代号 2. 单件体积 3. 安装高度 4. 混凝土强度等级 5. 砂浆强度等级、配合比	1. m³ 2. 块	1. 以立方米计量，按设计图示尺寸以体积计算 不扣除构件内钢筋、预埋铁件及单个尺寸≤300mm×300mm 的孔洞所占体积，扣除空心板空洞体积 2. 以块计量，按设计图示尺寸以数量计算	1. 模板制作、安装、拆除、堆放、运输及清理模内杂物、刷隔离剂等 2. 混凝土制作、运输、浇筑、振捣、养护 3. 构件运输、安装 4. 砂浆制作、运输 5. 接头灌缝、养护

项目编码	项目名称	项目特征	计量单位	工程量计算规则	工作内容
010512004	网架板	1. 图代号 2. 单件体积 3. 安装高度 4. 混凝土强度等级 5. 砂浆强度等级、配合比	1. m³ 2. 块	1. 以立方米计量，按设计图示尺寸以体积计算 不扣除构件内钢筋、预埋铁件及单个尺寸≤300mm×300mm的孔洞所占体积，扣除空心板空洞体积 2. 以块计量，按设计图示尺寸以数量计算	1. 模板制作、安装、拆除、堆放、运输及清理模内杂物、刷隔离剂等 2. 混凝土制作、运输、浇筑、振捣、养护 3. 构件运输、安装 4. 砂浆制作、运输 5. 接头灌缝、养护
010512005	折线板	1. 图代号 2. 单件体积 3. 安装高度 4. 混凝土强度等级 5. 砂浆强度等级、配合比	1. m³ 2. 块	1. 以立方米计量，按设计图示尺寸以体积计算 不扣除构件内钢筋、预埋铁件及单个尺寸≤300mm×300mm的孔洞所占体积，扣除空心板空洞体积 2. 以块计量，按设计图示尺寸以数量计算	1. 模板制作、安装、拆除、堆放、运输及清理模内杂物、刷隔离剂等 2. 混凝土制作、运输、浇筑、振捣、养护 3. 构件运输、安装 4. 砂浆制作、运输 5. 接头灌缝、养护
010512006	带肋板	1. 图代号 2. 单件体积 3. 安装高度 4. 混凝土强度等级 5. 砂浆强度等级、配合比	1. m³ 2. 块	1. 以立方米计量，按设计图示尺寸以体积计算 不扣除构件内钢筋、预埋铁件及单个尺寸≤300mm×300mm的孔洞所占体积，扣除空心板空洞体积 2. 以块计量，按设计图示尺寸以数量计算	1. 模板制作、安装、拆除、堆放、运输及清理模内杂物、刷隔离剂等 2. 混凝土制作、运输、浇筑、振捣、养护 3. 构件运输、安装 4. 砂浆制作、运输 5. 接头灌缝、养护

项目编码	项目名称	项目特征	计量单位	工程量计算规则	工作内容
010512007	大型板	1. 图代号 2. 单件体积 3. 安装高度 4. 混凝土强度等级 5. 砂浆强度等级、配合比	1. m³ 2. 块	1. 以立方米计量，按设计图示尺寸以体积计算 不扣除构件内钢筋、预埋铁件及单个尺寸≤300mm×300mm 的孔洞所占体积，扣除空心板空洞体积 2. 以块计量，按设计图示尺寸以数量计算	1. 模板制作、安装、拆除、堆放、运输及清理模内杂物、刷隔离剂等 2. 混凝土制作、运输、浇筑、振捣、养护 3. 构件运输、安装 4. 砂浆制作、运输 5. 接头灌缝、养护
010512008	沟盖板、井盖板、井圈	1. 单件体积 2. 安装高度 3. 混凝土强度等级 4. 砂浆强度等级、配合比	1. m³ 2. 块（套）	1. 以立方米计量，按设计图示尺寸以体积计算 不扣除构件内钢筋、预埋铁件所占体积 2. 以块计量，按设计图示尺寸以数量计算	1. 模板制作、安装、拆除、堆放、运输及清理模内杂物、刷隔离剂等 2. 混凝土制作、运输、浇筑、振捣、养护 3. 构件运输、安装 4. 砂浆制作、运输 5. 接头灌缝、养护

注 1. 以块（套）计量，必须描述单件体积。

2. 不带肋的预制遮阳板、雨篷板、挑檐板、拦板等，应按本表平板项目编码列项。

3. 预制 F 形板、双 T 形板、单肋板和带反挑檐的雨篷板、挑檐板、遮阳板等，应按本表带肋板项目编码列项。

4. 预制大型墙板、大型楼板、大型屋面板等，应按本表中大型板项目编码列项。

（13）预制混凝土楼梯。工程量清单项目设置、项目特征描述的内容、计量单位、工程量计算规则应按表 4-40 的规定执行。

表 4-40　　　预制混凝土楼梯工程（编号：010513）

项目编码	项目名称	项目特征	计量单位	工程量计算规则	工作内容
010513001	楼梯	1. 楼梯类型 2. 单件体积 3. 混凝土强度等级	1. m³ 2. 段	1. 以立方米计量，按设计图示尺寸以体积计算	1. 模板制作、安装、拆除、堆放、运输及清理模内杂物、刷隔离剂等

项目编码	项目名称	项目特征	计量单位	工程量计算规则	工作内容
010513001	楼梯	4. 砂浆（细石混凝土）强度等级	1. m³ 2. 段	不扣除构件内钢筋、预埋铁件所占体积，扣除空心踏步板空洞体积 2. 以段计量，按设计图示数量计算	2. 混凝土制作、运输、浇筑、振捣、养护 3. 构件运输、安装 4. 砂浆制作、运输 5. 接头灌缝、养护

注 以块计量，必须描述单件体积。

（14）其他预制构件。工程量清单项目设置、项目特征描述的内容、计量单位、工程量计算规则应按表 4–41 的规定执行。

表 4–41　　　　其他预制构件工程（编号：010514）

项目编码	项目名称	项目特征	计量单位	工程量计算规则	工作内容
010514001	垃圾道、通风道、烟道	1. 单件体积 2. 混凝土强度等级 3. 砂浆强度等级	1. m³ 2. m² 3. 根（块）	1. 以立方米计量，按设计图示尺寸以体积计算 不扣除单个面积≤300mm×300mm 的孔洞所占体积，扣除烟道、垃圾道、通风道的孔洞所占体积 2. 以平方米计量，按设计图示尺寸以面积计算。不扣除单个面积≤300mm×300mm 的孔洞所占面积 3. 以根计量，按设计图示尺寸以数量计算	1. 模板制作、安装、拆除、堆放、运输及清理模内杂物、刷隔离剂等 2. 混凝土制作、运输、浇筑、振捣、养护 3. 构件运输、安装 4. 砂浆制作、运输 5. 接头灌缝、养护

项目编码	项目名称	项目特征	计量单位	工程量计算规则	工作内容
010514002	其他构件	1. 单件体积 2. 构件的类型 3. 混凝土强度等级 4. 砂浆强度等级	1. m³ 2. m² 3. 根(块)	1. 以立方米计量，按设计图示尺寸以体积计算 不扣除构件内钢筋、预埋铁件及单个面积≤300mm×300mm 的孔洞所占体积，扣除烟道、垃圾道、通风道的孔洞所占体积 2. 以平方米计量，按设计图示尺寸以面积计算 不扣除构件内钢筋、预埋铁件及单个面积≤300mm×300mm 的孔洞所占面积 3. 以根计量，按设计图示尺寸以数量计算	1. 构件安装 2. 砂浆制作、运输 3. 接头灌缝、养护 4. 酸洗、打蜡

注 1. 以根（块）计量，必须描述单件体积。
　　2. 预制钢筋混凝土小型池槽、压顶、扶手、垫块、隔热板、花格等，按本表中其他构件项目编码列项。

（15）钢筋工程。工程量清单项目设置、项目特征描述的内容、计量单位、工程量计算规则应按表 4–42 的规定执行。

表 4–42　　　　　钢筋工程（编号：010515）

项目编码	项目名称	项目特征	计量单位	工程量计算规则	工作内容
010515001	现浇构件钢筋	钢筋种类、规格	t	按设计图示钢筋（网）长度（面积）乘以单位理论质量计算	1. 钢筋制作、运输 2. 钢筋安装 3. 焊接（绑扎）
010515002	预制构件钢筋	钢筋种类、规格	t	按设计图示钢筋（网）长度（面积）乘以单位理论质量计算	1. 钢筋制作、运输 2. 钢筋安装 3. 焊接（绑扎）

项目编码	项目名称	项目特征	计量单位	工程量计算规则	工作内容
010515003	钢筋网片	钢筋种类、规格	t	按设计图示钢筋（网）长度（面积）乘以单位理论质量计算	1. 钢筋网制作、运输 2. 钢筋网安装 3. 焊接（绑扎）
010515004	钢筋笼	钢筋种类、规格	t	按设计图示钢筋（网）长度（面积）乘以单位理论质量计算	1. 钢筋笼制作、运输 2. 钢筋笼安装 3. 焊接（绑扎）
010515005	先张法预应力钢筋	1. 钢筋种类、规格 2. 锚具种类	t	按设计图示钢筋长度乘以单位理论质量计算	1. 钢筋制作、运输 2. 钢筋张拉
010515006	后张法预应力钢筋	1. 钢筋种类、规格 2. 钢丝种类、规格 3. 钢绞线种类、规格 4. 锚具种类 5. 砂浆强度等级	t	按设计图示钢筋（钢丝、钢绞线）长度乘以单位理论质量计算 1. 低合金钢筋两端均采用螺杆锚具时，钢筋长度按孔道长度减少0.35m计算，螺杆另行计算 2. 低合金钢筋一端采用镦头插片，另一端采用螺杆锚具时，钢筋长度按孔道长度计算，螺杆另行计算 3. 低合金钢筋一端采用镦头插片，另一端采用帮条锚具时，钢筋增加0.15m计算；两端均采用帮条锚具时，钢筋长度按孔道长度增加0.3m计算 4. 低合金钢筋采用后张混凝土自锚时，钢筋长度按孔道长度增加0.35m计算 5. 低合金钢筋（钢绞线）采用JM、XM、QM型锚具，孔道长度≤20m时，钢筋长度增加1m计算，孔道长度＞20m时，钢筋长度增加1.8m计算	1. 钢筋、钢丝、钢绞线制作、运输 2. 钢筋、钢丝、钢绞线安装 3. 预埋管孔道铺设 4. 锚具安装 5. 砂浆制作、运输 6. 孔道压浆、养护

项目编码	项目名称	项目特征	计量单位	工程量计算规则	工作内容
010515006	后张法预应力钢筋	1. 钢筋种类、规格 2. 钢丝种类、规格 3. 钢绞线种类、规格 4. 锚具种类 5. 砂浆强度等级	t	6. 碳素钢丝采用锥形锚具，孔道长度≤20m时，钢丝束长度按孔道长度增加1m计算，孔道长度>20m时，钢丝束长度按孔道长度增加1.8m计算 7. 碳素钢丝采用镦头锚具时，钢丝束长度按孔道长度增加0.35m计算	1. 钢筋、钢丝、钢绞线制作、运输 2. 钢筋、钢丝、钢绞线安装 3. 预埋管孔道铺设 4. 锚具安装 5. 砂浆制作、运输 6. 孔道压浆、养护
010515007	预应力钢丝	1. 钢筋种类、规格 2. 钢丝种类、规格 3. 钢绞线种类、规格 4. 锚具种类 5. 砂浆强度等级	t	按设计图示钢筋（钢丝、钢绞线）长度乘以单位理论质量计算 1. 低合金钢筋两端均采用螺杆锚具时，钢筋长度按孔道长度减少0.35m计算，螺杆另行计算 2. 低合金钢筋一端采用镦头插片、另一端采用螺杆锚具时，钢筋长度按孔道长度计算，螺杆另行计算 3. 低合金钢筋一端采用镦头插片、另一端采用帮条锚具时，钢筋增加0.15m计算；两端均采用帮条锚具时，钢筋长度按孔道长度增加0.3m计算 4. 低合金钢筋采用后张混凝土自锚时，钢筋长度按孔道长度增加0.35m计算	1. 钢筋、钢丝、钢绞线制作、运输 2. 钢筋、钢丝、钢绞线安装 3. 预埋管孔道铺设 4. 锚具安装 5. 砂浆制作、运输 6. 孔道压浆、养护

项目编码	项目名称	项目特征	计量单位	工程量计算规则	工作内容
010515007	预应力钢丝	1. 钢筋种类、规格 2. 钢丝种类、规格 3. 钢绞线种类、规格 4. 锚具种类 5. 砂浆强度等级	t	5. 低合金钢筋(钢绞线)采用 JM、XM、QM 型锚具,孔道长度≤20m 时,钢筋长度增加 1m 计算,孔道长度>20m 时,钢筋长度增加 1.8m 计算 6. 碳素钢丝采用锥形锚具,孔道长度≤20m 时,钢丝束长度按孔道长度增加 1m 计算,孔道长度>20m 时,钢丝束长度按孔道长度增加 1.8m 计算 7. 碳素钢丝采用镦头锚具时,钢丝束长度按孔道长度增加 0.35m 计算	1. 钢筋、钢丝、钢绞线制作、运输 2. 钢筋、钢丝、钢绞线安装 3. 预埋管孔道铺设 4. 锚具安装 5. 砂浆制作、运输 6. 孔道压浆、养护
010515008	预应力钢绞线	1. 钢筋种类、规格 2. 钢丝种类、规格 3. 钢绞线种类、规格 4. 锚具种类 5. 砂浆强度等级	t	按设计图示钢筋(钢丝、钢绞线)长度乘以单位理论质量计算 1. 低合金钢筋两端均采用螺杆锚具时,钢筋长度按孔道长度减少 0.35m 计算,螺杆另行计算 2. 低合金钢筋一端采用镦头插片、另一端采用螺杆锚具时,钢筋长度按孔道长度计算,螺杆另行计算 3. 低合金钢筋一端采用镦头插片、另一端采用帮条锚具时,钢筋增加 0.15m 计算;两端均采用帮条锚具时,钢筋长度按孔道长度增加 0.3m 计算	1. 钢筋、钢丝、钢绞线制作、运输 2. 钢筋、钢丝、钢绞线安装 3. 预埋管孔道铺设 4. 锚具安装 5. 砂浆制作、运输 6. 孔道压浆、养护

项目编码	项目名称	项目特征	计量单位	工程量计算规则	工作内容
010515008	预应力钢绞线	1. 钢筋种类、规格 2. 钢丝种类、规格 3. 钢绞线种类、规格 4. 锚具种类 5. 砂浆强度等级	t	4. 低合金钢筋采用后张混凝土自锚时，钢筋长度按孔道长度增加0.35m计算 5. 低合金钢筋（钢绞线）采用JM、XM、QM型锚具，孔道长度≤20m时，钢筋长度增加1m计算，孔道长度>20m时，钢筋长度增加1.8m计算 6. 碳素钢丝采用锥形锚具，孔道长度≤20m时，钢丝束长度按孔道长度增加1m计算，孔道长度>20m时，钢丝束长度按孔道长度增加1.8m计算 7. 碳素钢丝采用镦头锚具时，钢丝束长度按孔道长度增加0.35m计算	1. 钢筋、钢丝、钢绞线制作、运输 2. 钢筋、钢丝、钢绞线安装 3. 预埋管孔道铺设 4. 锚具安装 5. 砂浆制作、运输 6. 孔道压浆、养护
010515009	支撑钢筋（铁马）	1. 钢筋种类、规格	t	按钢筋长度乘单位理论质量计算	钢筋制作、焊接、安装
010515010	声测管	1. 材质 2. 规格型号	t	按设计图示尺寸质量计算	1. 检测管截断、封头 2. 套管制作、焊接 3. 定位、固定

注 1. 现浇构件中伸出构件的锚固钢筋应并入钢筋工程量内。除设计（包括规范规定）标明的搭接外，其他施工搭接不计算工程量，在综合单价中综合考虑。

2. 现浇构件中固定位置的支撑钢筋、双层钢筋用的"铁马"在编制工程量清单时，其工程数量可为暂估量，结算时按现场签证数量计算。

（16）螺栓、铁件。工程量清单项目设置、项目特征描述的内容、计量单位、工程量计算规则应按表4–43的规定执行。

表 4-43   螺栓、铁件工程（编号：010516）

项目编码	项目名称	项目特征	计量单位	工程量计算规则	工作内容
010516001	螺栓	1. 螺栓种类 2. 规格	t	按设计图示尺寸以质量计算	1. 螺栓、铁件制作、运输 2. 螺栓、铁件安装
010516002	预埋铁件	1. 钢材种类 2. 规格 3. 铁件尺寸			
010516003	机械连接	1. 连接方式 2. 螺纹套筒种类 3. 规格	个	按数量计算	1. 钢筋套丝 2. 套筒连接

注　编制工程量清单时，如果设计未明确，其工程数量可为暂估量，实际工程量按现场签证数量计算。

2. 定额工程量计算

（1）现浇混凝土及钢筋混凝土模板工程量计算。现浇混凝土及钢筋混凝土模板工程量按以下规定计算：

1）现浇混凝土及钢筋混凝土模板工程量，除另有规定者外，均应区别模板的不同材质，按混凝土与模板接触面的面积，以平方米计算。

2）现浇钢筋混凝土柱、梁、板、墙的支模高度（室外地坪至板底或板面至板底之间的高度），以 3.6m 以内为准，超过 3.6m 以上部分另按超过部分计算增加支撑工程量。

3）现浇钢筋混凝土墙、板上单孔面积在 0.3m² 以内的孔洞不予扣除，洞侧壁模板也不增加；单孔面积在 0.3m² 以上时应予扣除。洞侧壁模板面积并入墙、板模板工程量之内计算。

4）现浇钢筋混凝土框架分别按梁、板、柱墙有关规定计算。附墙柱并入墙内工程量计算。

5）杯形基础杯口高度大于杯口大边长度的，套高杯基础定额项目。

6）柱与梁、柱与墙、梁与梁等连接的重叠部分以及伸入墙内的梁头、板头部分均不计算模板面积。

7）构造柱外露面均应按图示外露部分计算模板面积。构造柱与墙接触面不计算模板面积。

8）现浇钢筋混凝土悬挑板（雨篷、阳台）按图示外挑部分尺寸的水平投影面积计算。挑出墙外的牛腿梁及板边模板不另计算。

9）现浇钢筋混凝土楼梯，以图示露明面尺寸的水平投影面积计算，不扣除小于 50mm 楼梯井所占面积。楼梯的踏步、踏步板平台梁等侧面模板不另行计算。

10）混凝土台阶不包括梯带，按图示台阶尺寸的水平投影面积计算，台阶端头两侧不另行计算模板面积。

（2）预制钢筋混凝土构件模板工程量计算。预制钢筋混凝土构件模板工程量按以下规定计算：

1）预制钢筋混凝土模板工程量，除另有规定者外，均按混凝土实体体积以立方米计算。

2）小型池槽按外形体积以立方米计算。

3）预制桩尖按虚体积（不扣除桩尖虚体积部分）计算。

（3）构筑物钢筋混凝土模板工程量计算。构筑物钢筋混凝土模板工程量，按以下规定计算：

1）构筑物工程的模板工程量，除另有规定者外，区别现浇、预制和构件类别，分别按现浇混凝土及钢筋混凝土模板和预制钢筋混凝土构件模板的有关规定计算。

2）大型池槽等分别按基础、墙、板、梁、柱等有关规定计算，并套相应定额项目。

3）液压滑升钢模板施工的烟囱、水塔塔身、储仓等，均按混凝土体积，以立方米计算，预制倒圆锥形水塔罐壳模板，按混凝土体积，以立方米计算。

4）预制倒圆锥形水塔罐壳组装、提升、就位，按不同容积以座计算。

（4）钢筋工程量计算。钢筋工程量按以下规定计算：

1）钢筋工程，应区别现浇、预制构件、不同钢种和规格，分别按设计长度乘以单位质量，以吨计算。

2）计算钢筋工程量时，设计已规定钢筋搭接长度的，按规定搭接长度计算；设计未规定搭接长度的，已包括在钢筋的损耗率之内，不另计算搭接长度。钢筋电渣压力焊接、套筒挤压等接头以个计算。

3）直钢筋长度的计算。直钢筋长度计算的公式为

直钢筋长度=混凝土构件长度−两端保护层厚度+两端弯钩长度

当构件内布置的是两端无弯钩的直钢筋时，令弯钩长度为 0 即可。弯钩长度根据弯曲形状确定。当半圆弯钩时取 6.25d（d 为钢筋直径）；当直弯钩时取 3.5d；当斜弯钩时取 4.9d。为了使钢筋不与空气接触氧化而锈蚀，钢筋外面必须有一定厚度的混凝土作为钢筋的保护层。保护层厚度可按图纸规定；当设计无明确规定时，按照施工及验收规范的规定执行。

墙和板：厚度≤100mm，保护层厚度 10mm；厚度＞100mm，保护层厚度 15mm。

梁和柱：受力钢筋，保护层厚度 25mm；箍筋和构造筋，保护层厚度 15mm。

基础：有垫层，保护层厚度 35mm；无垫层，保护层厚度 70mm。

4）弯曲钢筋长度计算。弯曲钢筋又称元宝钢筋，其长度根据设计图纸的尺寸计算，其计算公式为

弯曲钢筋长度=混凝土构件长度−两端保护层厚度+两端弯钩长度+弯起部分增加长度

其中：弯起部分增加长度=弯起筋斜长−弯起部分水平长度

一般地，弯起部分增加长度，根据弯起角度和弯起高度，用弯起筋角度系数计算。若用 H' 表示弯起高度，如图 4–13 所示，则

弯曲高度 H'=梁（板）高（厚）–上下保护层厚度

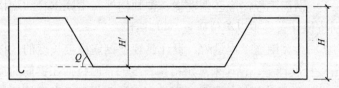

图 4–13　弯曲钢筋长度计算

当 θ=30°时，每个弯起部分增加长度=0.268H'；

当 θ=45°时，每个弯起部分增加长度=0.414H'；

当 θ=60°时，每个弯起部分增加长度=0.577H'。

如果设计图纸无明确规定弯起角度，可参照下列规定执行：

当 H≤800mm 时，θ=45°；

当 H>800mm 时，θ=60°；

当楼板厚度 H<150mm 时，θ=30°。

5）箍筋长度计算。

a. 方形、矩形单箍筋，如图 4–14 所示。

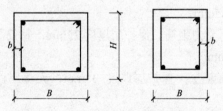

图 4–14　方形、矩形单箍筋长度计算

箍筋长度=(H+B-4b+2d_0)×2+2 个弯钩长度

式中　B——构件截面宽；

　　　H——构件高度；

　　　b——保护层厚度；

　　　d_0——箍筋直径。

为简化计算，方形、矩形单箍筋若钢筋直径为 ϕ10 以下，可

按不扣除保护层厚度也不增加弯钩长度计算。即

$$箍筋长度=2\times(H+B)$$

b. 方形双箍筋，如图 4–15 所示。

$$外箍筋长度=(B-2b+d_0)\times4+2 个弯钩长度$$

$$内箍筋长度=\left[(B-2b)\times\frac{\sqrt{2}}{2}+d_0\right]\times4+2 个弯钩长度$$

c. 矩形双箍筋，如图 4–16 所示。

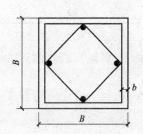

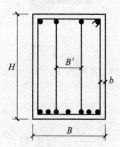

图 4–15 方形双箍筋长度计算　　图 4–16 矩形双箍筋长度计算

$$每个箍筋长度=(H-2b+d_0)\times2+(B-2b+B'+2d_0)+2 个弯钩长度$$

d. 三角箍筋，如图 4–17 所示。

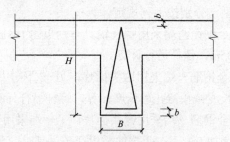

图 4–17 三角箍筋长度计算

$$每个箍筋长度=(B-2b+d_0)+\sqrt{4(H-2b+d_0)^2+(B-2b+d_0)^2}+$$
$$2 个弯钩长度$$

e. S 箍筋（拉条），如图 4–18 所示。

$$箍筋长度=H+d_0+2 个弯钩长度$$

f. 箍筋的根数。

$$箍筋的根数=\frac{箍筋配置段长度}{箍筋间距}+1$$

g. 螺旋形箍筋，如图 4–19 所示。

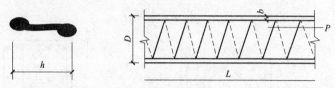

图 4–18　S 箍筋（拉条）长度计算　　图 4–19　螺旋形箍筋长度计算

$$螺旋箍筋长度 = N\sqrt{P^2+(D-2b+d_0)\pi^2}+2 个弯钩长度$$

式中　　N——螺线圈数，$N=\dfrac{L}{P}$；

　　　　P——螺距。

6）先张法预应力钢筋，按构件外形尺寸计算长度，后张法预应力钢筋按设计图规定的预应力钢筋预留孔道长度，并区别不同的锚具类型，分别按下列规定计算：

a. 低合金钢筋两端采用螺杆锚具时，预应力钢筋按预留孔道长度减少 0.35m，螺杆另行计算。

b. 低合金钢筋一端采用镦头插片，另一端采用螺杆锚具时，预应力钢筋长度按预留孔道长度计算，螺杆另行计算。

c. 低合金钢筋一端采用镦头插片，另一端采用帮条锚具时，预应力钢筋增加 0.15m；两端均采用帮条锚具时，预应力钢筋共增加 0.3m 计算。

d. 低合金钢筋采用后张混凝土自锚时，预应力钢筋长度增加 0.35m 计算。

e. 低合金钢筋或钢绞线采用 JM、XM、QM 型锚具，孔道长度在 20m 以内时，预应力钢筋长度增加 1m；孔道长度 20m 以上时，预应力钢筋长度增加 0.35m 计算。

f. 碳素钢丝采用锥形锚具，孔道长在 20m 以内时，预应力钢筋长度增加 1m；孔道长在 20m 以上时，预应力钢筋长度增加 1.8m。

g. 碳素钢丝两端采用镦粗头时，预应力钢丝长度增加 0.35m 计算。

（5）钢筋混凝土构件预埋铁件工程量计算。钢筋混凝土构件预埋铁件工程量按设计图示尺寸，以吨计算。

（6）现浇混凝土工程量计算。现浇混凝土工程量，按以下规定计算：

1）混凝土工程量除另有规定者外，均按图示尺寸实体体积以立方米计算，不扣除构件内钢筋、预埋铁件及墙、板中 0.3m² 内的孔洞所占体积。

2）基础。

a. 有肋带形混凝土基础，其肋高与肋宽之比在 4:1 以内的，按有肋带形基础计算；超过 4:1 时，其基础按板式基础计算，以上部分按墙计算。

b. 箱式满堂基础应分别按无梁式满堂基础、柱、墙、梁、板有关规定计算，套相应定额项目。

c. 设备基础除块体以外，其他类型设备基础分别按基础、梁、柱、板、墙等有关规定计算，套相应的定额项目计算。

3）柱：按图示断面尺寸乘以柱高，以立方米计算。柱高按下列规定确定：

a. 有梁板的柱高，应自柱基上表面（或楼板上表面）至上一层楼板上表面之间的高度计算。

b. 无梁板的柱高，应自柱基上表面（或楼板上表面）至柱帽下表面之间的高度计算。

c. 框架柱的柱高应自柱基上表面至柱顶高度计算。

d. 构造柱按全高计算,与砖墙嵌接部分的体积并入柱身体积内计算。

e. 依附柱上的牛腿并入柱身体积内计算。

4) 梁:按图示断面尺寸乘以梁长以立方米计算。梁长按下列规定确定。

a. 梁与柱连接时,梁长算至柱侧面。

b. 主梁与次梁连接时,次梁长算至主梁侧面。伸入墙内梁头、梁垫体积并入梁体积内计算。

5) 板:按图示面积乘以板厚以立方米计算。其中:

a. 有梁板包括主、次梁与板,按梁、板体积之和计算;

b. 无梁板按板和柱帽体积之和计算;

c. 平板按板实体体积计算;

d. 现浇挑檐天沟与板(包括屋面板、楼板)连接时,以外墙为分界线;与圈梁(包括其他梁)连接时,以梁外边线为分界线。外墙边线以外或梁外边线以外为挑檐天沟;

e. 各类板伸入墙内的板头并入板体积内计算。

6) 墙:按图示中心线长度乘以墙高及厚度,以立方米计算,应扣除门窗洞口及 $0.3m^2$ 以外孔洞的体积,墙垛及凸出部分并入墙体积内计算。

7) 整体楼梯包括休息平台、平台梁、斜梁及楼梯的连接梁,按水平投影面积计算,不扣除宽度小于 500mm 的楼梯井,伸入墙内部分不另增加。

8) 阳台、雨篷(悬挑板),按伸出外墙的水平投影面积计算,伸出外墙的牛腿不另行计算。带反挑檐的雨篷按展开面积并入雨篷内计算。

9) 栏杆按净长度以延长米计算。伸入墙内的长度已综合在定额内。栏板以立方米计算,伸入墙内的栏板合并计算。

10) 预制板补现浇板缝时按平板计算。

(7) 预制混凝土工程量计算。

1）混凝土工程量均按图示尺寸实体体积以立方米计算，不扣除构件内钢筋、铁件及小于 300mm×300mm 的孔洞面积。

2）预制桩按桩全长（包括桩尖）乘以桩断面（空心桩应扣除孔洞体积），以立方米计算。

3）混凝土与钢杆件组合的构件，混凝土部分按构件实体积以立方米计算，钢构件部分按吨计算，分别套相应的定额项目。

（8）固定预埋件工程量计算。固定预埋螺栓、铁件的支架，固定双层钢筋的铁马凳、垫铁件，按审定的施工组织设计规定计算，套相应定额项目。

（9）构筑物钢筋混凝土工程量计算。构筑物钢筋混凝土工程量，按以下规定计算：

1）构筑物混凝土除另有规定者外，均按图示尺寸扣除门窗洞口及 0.3m² 以外孔洞所占体积，以实体体积计算。

2）水塔。水塔具体计算内容如下：

a. 筒身与槽底以槽底连接的圈梁底为分界线，以上为槽底，以下为筒身。

b. 筒式塔身及依附于筒身的过梁、雨篷挑檐等并入筒身体积内计算，柱式塔身、柱、梁合并计算。

c. 塔顶及槽底，塔顶包括顶板和圈梁，槽底包括底板挑出的斜壁板和圈梁等合并计算。

3）储水池不分平底、锥底、坡底，均按池底计算；壁基梁、池壁不分圆形壁和矩形壁，均按池壁计算；其他项目均按现浇混凝土部分相应项目计算。

（10）钢筋混凝土构件接头灌缝。

1）钢筋混凝土构件接头灌缝，包括构件坐浆、灌缝、堵板孔、塞板梁缝等，均按预制钢筋混凝土构件实体体积，以立方米计算。

2）柱与柱基的灌缝按首层柱体积计算；首层以上柱灌缝按各层柱体积计算。

3）空心板堵孔的人工材料已包括在定额内。如不堵孔，每 10m³ 空心板体积应扣除 0.23m³ 预制混凝土块和 22 个工日。

二、钢筋混凝土工程计算实例解析

【例 4–5】如图 4–20 所示，为某建筑一层平面墙及梁平面布置图，根据图纸及所给出的设计说明计算 GZ1、XL1、L4、QL-1 的工程量。给出 XL1 的中心线长度为 3.55m、L4 中心线长度为 6.72m、QL1 中心线长度 1.96m。

解：各工程量计算如下：

GZ1：周长=(长+宽)×2=(0.24+0.24)×2=0.96（m）

体积=长×宽×高=0.24×0.24×3=0.172 8（m³）

模板体积=原始体积0.172 8（m³）

截面面积=长×宽=0.24×0.24=0.057 6（m²）

XL1：体积=长×宽×高–构造柱体积=0.24×0.55×3.55–0.172 8 =0.295 8（m³）

模板体积=原始体积=0.295 8（m³）

截面周长=(宽+高)×2=(0.24+0.55)×2=1.58（m）

截面面积=宽×高=0.24×0.55=0.132（m²）

L4：体积=长×宽×高=6.72×0.2×0.4=0.537 6（m³）

模板体积=原始体积=0.537 6（m³）

截面周长=(宽+高)×2=(0.2+0.4)×2=1.2（m）

截面面积=宽×高=0.2×0.4=0.08（m²）

QL-1：体积=长×宽×高=1.96×0.24×0.15=0.070 6（m³）

模板体积=原始体积=0.070 6（m³）

截面周长=(宽+高)×2=(0.24+0.15)×2=0.78（m）

截面面积=宽×高=0.24×0.15=0.036（m²）

图中标注楼板面积计算为

楼面面积=长×宽×厚度（根据图纸设计说明得出）

=5.1×3.6×0.3=5.508（m²）

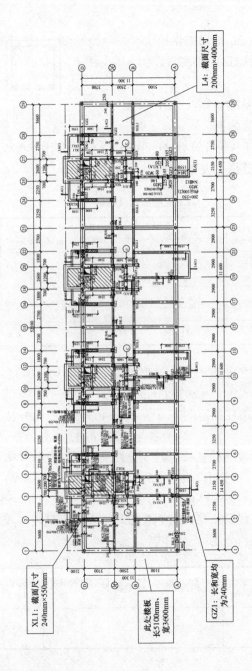

图4-20 一层平面墙及梁平面配筋布置图

根据图 4–21 给出的钢筋标注信息，计算 GZ1 的钢筋工程量。

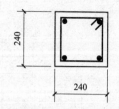

钢筋工程量的计算以 GZ1 钢筋工程量计算为例。

GZ1 钢筋工程量计算（GZ1 内配筋形式及数据见表 4–44）。

图 4–21　G21 钢筋标注信息（1:20）

表 4–44　　　　　　　　　GZ1 配筋形式及数据

名称	级别	直径/mm	钢筋图形	根数	总根数	单长度/m	总长度/m	总重量/g
全部纵筋	Φ	12	120 ∟ 2850	4	144	2.97	427.68	379.78
构造柱预留筋	Φ	12	370 ∟ 782	4	144	1.152	165.888	147.309
箍筋	Φ	6	190 〔190〕	22	792	0.843	667.656	173.591

ϕ12 纵筋长度=柱高−高度+10d=3000−150+10×12
　　　　　　=2970（mm）

ϕ12 构造柱预留钢筋长度=56d+40d=56×12+40×12
　　　　　　　　　　=1152（mm）

ϕ6 箍筋长度=(柱宽−2×保护层+柱高−2×保护层)+2×6.9d
　　　　　=2×[(240−2×25)+(240−2×25)]+2×(6.9×d)
　　　　　=843（mm）

L4 钢筋工程量计算（L4 内配筋形式及数据见表 4–45）。

表 4–45　　　　　　　　　L4 配筋形式及数据

名称	级别	直径/mm	钢筋图形	根数	总根数	单长度/m	总长度/m	总重量/g
1 跨.上通长筋 1	Φ	14	210 ∟ 6430 ∟ 210	3	3	6.85	20.55	24.866

名称	级别	直径/mm	钢筋图形	根数	总根数	单长度/m	总长度/m	总重量/g
1跨.下通长筋1	Φ	16	172 ⌐ 6470 ⌐ 172	2	2	6814	13.628	21.532
箍筋	φ	8	360 160	43	43	1150	49.45	19.533

$$\phi 14 \text{ 上部通长筋长度} = -20+15d+6470-20+15d$$
$$= 6850 \text{（mm）}$$

$$\phi 16 \text{ 下部通长筋长度} = 12d-20+6470+12d-20$$
$$= 6814 \text{（mm）}$$

$$\phi 8 \text{ 箍筋长度} = 2\times[(200-2\times20)+(400-2\times20)]+2\times(6.9d)$$
$$= 1150 \text{（mm）}$$

第五节　工程量速算及复核的方法

一、工程量速算的方法

1. 工程量计算基本要素

（1）工程量构成要素。对于预算人员来说，拿到一份图纸仅可直接读出点和线，不能直接读取面积与体积，这两者都是需要经过后期计算出来的。

工程量构成要素的具体内容见表4-46。

表4-46　　　　　　工程量构成要素的内容

名　称	内　容
点（个数）	如窗户几樘、桩几根是可以直接在图中读出来的
线（长度）	如墙体有多长、散水沟有多长，也可以直接在图中读出来
面（面积）	如室内地坪面积有多少，它是由两条线（边长）的乘积计算出来的
体（体积）	如一个板的体积是多少，它是由两个边长、一个厚度三者的乘积而得

仔细分析下来，工程量计算其实并不难，只是几何实体的点（个数、重量）、线（长度）、面（面积）、体（体积）。按几何实体分析，任何一个实体都有它共有的特征值，如长度、面积、体积。三者之间是一种层级递进关系。先有长度，才有面积，再有体积，如图 4-22 所示。

　　不过，在实际工作中，为什么有的人算得既快又

点 —— ×长度 → 线 —— ×长度 → 面 —— ×长度 → 体

图 4-22　工程量计算要素

准，有的人不仅算得慢，而且非常容易漏项呢？关键在于计算工程量需要有一定的技巧和顺序。

　　（2）列计算式。一些刚开始做工程量计算的人，工程量计算底稿中的计算式通常相当的长，有时一个计算式子会写满一整页纸，他们习惯于一个子目或分项列一个计算式，如混凝土柱工程量，便将整个工程中混凝土柱工程用一个计算式完成，240 外砖墙工程量，将整个工程的 240 外砖墙用一个计算式完成。所以，有时一个项目的计算式列一页纸还写不完，用计算器计算都不能一次全部计算完一个式子（因为一般计算器可容纳的位数不够）。这样列计算式的坏处是不便于检查核对，只有自己清楚计算过程，其他人不知道。时间一长，可能连自己也忘记计算过程。

　　计算式列得是否合理，对于工程量的计算准确性，尤其是后期的复核工作非常重要。正确有效的列式章法是：不宜列过长的计算式，所有的计算式，都要列清楚部位或名称，如混凝土柱工程量的计算列式，先要标明所在的部位（轴线等），再列柱的名称，最后再列计算式，有多少种规格的柱，便要列多少个计算式，柱子的宽、厚、高、数量都要列清楚。

2. 构件间扣减与分层关系

　　（1）扣减规则。

　　1）精确扣减。建筑工程构件层次、搭接错综复杂，要保证计算结果的准确，需要对计算规则、扣减关系的完全理解。对构件间的嵌入情况、相关情况出现的"重合"点必须进行精确扣减，

这样才能保证工程量计算结果的准确性。

在处理扣减关系中，要牢记相交的两个构件，一边扣除，另一边必须不扣除，如梁扣柱，柱就不能再扣梁。

2）近似扣减。

工程量计算工作并不是必须毫无偏差，通常是在计算结果精确性与工作时间之间寻求平衡。因此，在计算规划的设置上，对一些细微量的计算规则就做了近似处理，从而在保证整体计量精度的基础上简化了工程量计算工作。比如规则中规定：$0.3m^2$ 以内的孔洞在计算工程量时通常是不扣除的；计算内墙抹灰面积时，不扣除踢脚线、门窗内侧壁也不增加。

（2）常见扣减情形及处理。

1）常见情况及处理方法。

a. 嵌入扣减（大构件内含小构件）：如混凝土构件嵌入墙，在计算混凝土构件工程量时设一负值，工程量套墙体清单编码或定额子目，实现对墙体工程量扣减。

b. 相交扣减（两体量基本相等构件相交）：如梁与柱相交等。处理好这个扣减问题是要处理好两构件的边界问题。

2）相交构件间边界的界定。界定构件间边界时，应把握以下几个方面的原则。

a. 工程量最小原则。构件拆分最小原则，即在界定构件时，尽量保证拆分后的计算工程量构件数量最小。

如图 4-23 所示，为两堵砖墙相交，在拆分构件计算边界时，可以分为图 4-24 和图 4-25 两种情况。

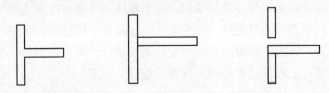

图 4-23　两堵砖墙相交　图 4-24　拆分方案 1　图 4-25　拆分方案 2

由图 4-24、图 4-25 可知，按拆分方案 1，共拆分为两个墙段，且两个墙段均保持完整。按拆分方案 2，共拆分成了三个墙段，而且其中一段墙还被拆分成了两段。自然是选择方案 1 更为方便。

取厚优先：较厚的构件与较薄的构件相交，较厚的构件拉通，保持完整性。

外墙优先：外墙与同墙相交，外墙拉通，保持完整性。

墙长优先：同厚度墙相交，长度较长的墙拉通，保持完整性。

b. 主导构件优先原则。在处理扣减关系中，必须明确相交的两个构件中"扣减与被扣减"的关系，哪个构件处于主导地位，应确保其完整性，它不被扣减，与其相交的其他构件全被扣减。

例如，柱子一般都是先施工的，要确保其完整性。因而扣减时，计算柱工程量时，与柱相交部分的量，柱拉通计算（相交部分的量计入柱），而其他板、梁、墙等构件的扣减扣柱。

3. "三线一面"统筹法

（1）"三线一面"统筹法简介。统筹法是一种用来研究、分析事物内在规律及相互依赖关系，从全局角度出发，明确工作重点，合理安排工作顺序，提高工作质量和效率的科学管理方法。

运用统筹思想对工程量计算过程进行分析后，可以看出，虽然各项工程量计算各有特点，但有些数据存在着内在联系。例如，外墙地槽、外墙基础垫层、外墙基础可以用同一个长度计算工程量。如果我们抓住这些基本数据，利用它来计算较多工程量的这个主要矛盾，就能达到简化工程量计算的目的。

（2）统筹程序、合理安排。统筹程序、合理安排的统筹法计算工程量要点的思想是，不按施工顺序或者不按传统的顺序计算工程量，只按计算简便的原则安排工程量计算顺序。例如，有关地面项目工程量计算顺序，按施工顺序完成是

$$\xrightarrow[\text{长×宽×厚}]{\text{室内回填土}} ① \xrightarrow[\text{长×宽×厚}]{\text{地面垫层}} ② \xrightarrow[\text{长×宽}]{\text{地面面层}} ③$$

这一顺序，计算了三次"长×宽"。如果按计算简便的原则安排，上述顺序变为

$$\xrightarrow{\substack{\text{地面面宽}\\ \text{长×宽}}}①\xrightarrow{\substack{\text{地面垫层}\\ \text{地面面层×厚}}}②\xrightarrow{\substack{\text{室内回填土}\\ \text{地面面层×厚}}}③$$

显然，第二种顺序只需计算一次"长×宽"，节省了时间，简化了计算，也提高了结果的准确度。

（3）利用基数连续计算。在工程量计算中有一些反复使用的基数。对于这些基数，我们应在计算各分部分项工程量以前先计算出来，供在后面计算时直接利用，而不必每次都计算，以节约时间，提高计算的速度和准确性。

1）底层建筑面积（$S_底$）。建筑面积本身也是一些分部分项的计算指标，如脚手架项目、垂直运输项目等，在一般情况下，它们的工程量都为 S 建筑面积。$S_底$ 可以作为平整场地、地面垫层、找平层、面层、防水层等项目工程量的基数，见表 4–47。

表 4–47　　　　　　底层建筑面积计算工程量项目

基数名称	项目名称	计 算 方 法
$S_底$	人工平整场地	$S=S_底+L_外×2+16$
	室内回填土	$V=（S_底-墙结构面积）×厚度$
	地面垫层	同上
	地面面层	$S=S_底-墙结构面积$
	顶棚面抹灰	同上
	屋面防水卷材	$S=S_底-女儿墙结构面积+四周卷起面积$
	屋面找坡层	$S=（S_底±女儿墙结构面积）×平均厚$

2）室内净面积（$S_净$）。室内净面积可以作为室内回填土方、地面找平层、垫层、面层和顶棚抹灰等的基数。

3）外墙外边线的长（$L_外$）。外墙外边线是计算平整场地、排水、脚手架等项目的基数，见表 4–48。

表 4–48 外墙外边线计算工程量项目

基数名称	项目名称	计 算 方 法
$L_{外}$	人工平整场地	$S=L_{外}\times2+16+S_{底}$
	墙脚排水坡	$S=(L_{外}+4\times散水宽)\times散水宽$
	墙脚明沟（暗沟）	$L=L_{外}+8\times散水宽+4\times明沟（暗沟）宽$
	外墙脚手架	$S=L_{外}/墙高$
	挑檐	$V=(L_{外}+4\times挑檐宽)\times挑檐断面积$

4）外墙中心线（$L_{中}$）。外墙中心线是外墙基础沟槽土方、外墙基础体积、外墙基础防潮层等项目工程量的计算基数，见表 4–49。

表 4–49 外墙中心线计算工程量项目

基数名称	项目名称	计 算 方 法
$L_{中}$	外墙基槽	$V=L_{中}\times基槽断面积$
	外墙基础垫层	$V=L_{中}\times垫层断面积$
	外墙基础	$V=L_{中}\times基础断面积$
	外墙体积	$V=(L_{中}\times墙高-门窗面积)\times墙厚$
	外墙圈梁	$V=L_{中}\times圈梁断面积$
	外墙基防潮层	$S=L_{中}\times墙厚$

5）内墙净长线（$L_{内}$）。内墙净长线是计算内墙基础体积、内墙体积等项目工程量计算基数，见表 4–50。

表 4–50 内墙净长线计算工程量项目

基数名称	项目名称	计 算 方 法
$L_{内}$	内墙基槽	$V=(L_{内}-调整值)\times基槽断面积$
	内墙基础垫层	$V=(L_{内}-调整值)\times垫层断面积$

基数名称	项目名称	计 算 方 法
$L_{内}$	内墙基础	$V=L_{内}×$基础断面积
	内墙体积	$V=（L_{内}×$墙高–门窗面积）$×$墙厚
	内墙圈梁	$V=L_{内}×$圈梁断面积
	内墙基防潮层	$S=L_{内}×$墙厚

6）内墙面净长线（L内墙面净长线）。内墙面净长线不同于内墙净长线，外墙的内面又称为内墙面。用内墙面净长线来计算踢脚线和内墙面抹灰工程量很方便。

a. 踢脚线 L 的计算。踢脚线的工程量为室内净空周长或面积（长度×踢脚线高），即房间内墙面的长度，即 $L=L$ 内墙面净长线。

b. 内墙面抹灰面积 S。如前所述，内墙面不同于内墙墙面，如果仅仅用内墙净长线计算，则会出现工程量漏算的情况。利用内墙面净长线计算内墙面抹灰，则 $S=L$ 内墙面净长线$×H$–T 形头重叠面积，其中 H 为内墙面净高。

（4）"三线一面"统筹法的计算顺序。对于一般工程，分部工程量计算顺序应为先地下后地上，先主体后装饰，先内部后外部。在计算建筑和装饰部分时也要对计算顺序进行合理安排。

1）计算建筑部分时，按基础工程、土石方工程、混凝土工程、木门窗工程、砌筑工程顺序计算，而不能按定额的章节顺序来计算，否则会对某些项目重复计算，从而浪费大量的时间。例如，先算出了混凝土工程中的梁、柱的体积和门窗面积，那么，在计算砌筑工程需要扣除墙体内混凝土构件体积和门窗部分在墙体内所占体积时，可以利用前面计算的梁、柱的体积和门窗部分所占的体积进行计算。

当然，在计算各分部的各项目工程量时，也有一定的顺序技巧。如计算混凝土工程部分时，一般应采用由下向上，先混凝土、模板后钢筋，分层计算按层统计，最后汇总的顺序。砌筑工程可从整体上分层计算，每层的量可采取"整算零扣"的方法。

2）计算装饰部分时，要先地面、顶棚，后墙面。先计算地面工程量的好处是可以利用地面的面积，计算出平面顶棚和斜顶棚的面积。计算墙面扣除门窗及洞口面积时，可利用先前算出的面积。当以房间为单元计算抹灰工程量时，有一点值得注意的是，同一门窗要扣两次面积。

3）计算预制混凝土构件时，要按预制构件的施工顺序计算。

二、工程量复核的方法

一般情况下，导致工程量计算出错的多为重算、多算、漏算和点错小数点等问题。

1. 漏项

衡量清单漏项与否的标准，应当是设计施工图纸和《建设工程工程量清单计价规范》（GB 50500—2013）的 17 个附录。若施工图表达出的工程内容在《建设工程工程量清单计价规范》的某个附录中有相应的"项目编码"和"项目名称"，但在清单并没有反映出来，则应当属于清单漏项；若施工图表达出的工程内容在《建设工程工程量清单计价规范》附录的任何地方均没有反映，而且是应该由清单编制者进行补充的清单项目，则也属于清单漏项；若施工图表达出的工程内容虽然在《建设工程工程量清单计价规范》附录的"项目名称"中没有反映，但在本清单已经列出的某个"项目名称"包含的"工程内容"中有所反映，则不属于清单漏项，而应当作为主体项目的附属项目，并入综合单价计价。

2. 责任划分

为了合理减少工程施工方的风险，并遵照谁引起风险谁承担责任的原则，规范对工程量的变更及其综合单价的确定做了规定，执行中应注意以下几个方面的内容：

（1）无论由于工程量清单有误或漏项，还是由于设计变更引起新的工程量清单项目或清单项目工程数量的增减，一般均应按实调整。

（2）工程量变更后综合单价的确定应按规范的规定执行。

（3）不多算，不少算，不漏算，重要的是不留缺口，以防止日后的工程造价追加。

在实际工作中，建设单位提供的工程量清单常常存在部分编制内容不完整或不严谨，非相关专业人员编制的其他专业的清单工程量不准确等情况。许多投标单位在拿到招标文件时，没有注意审查工程量清单的质量，只是把投标报价作为重点，以为控制了总价就可以中标。但是由于清单报价要求为综合单价报价，不考虑工程量的问题，不仅造成了评标过程中的困难，而且也给签订施工合同、竣工结算带来了很多困难。

3. 工程量复核

工程造价是一个大的综合专业，包括了土建、装饰、电气设备、给排水等多个专业，这就要求分专业对施工图进行工程量的数量审查。常用的复核办法有以下几种：

（1）技术经济指标复核法。将编制好的清单进行套定额计价，从工程造价指标、主要材料消耗量指标、主要工程量指标等方面与同类建筑工程进行比较分析。

例如，普通多层砖混住宅每平方米的钢筋含量为 15～25kg，框架住宅地上（±0 以上）部分每平方米建筑面积的钢筋含量为 40～60kg，如果清单的指标偏高或偏低，可以进一步分析其中的柱、梁、板、楼梯等构件占的比重，查找原因，按图具体核算，并予以纠正。用技术经济指标可从宏观上判断清单是否大致准确。

（2）利用相关工程量之间的逻辑关系复核其正确性，如

外墙装饰面积=外墙面积-外墙门窗面积

内墙装饰面积=外墙面积+内墙面积×2-

(外门窗+内门窗面积×2)

顶棚面积=地面面积+楼地面面积

平屋面面积=建筑面积/层数

（3）仔细阅读建筑说明、结构说明及各节点详图，进一步复核清单。清单出来后，应该再仔细阅读建筑说明、结构说明及各节点详图，从中可以发现一些疏忽和遗漏的项目，及时补足。核对清单名称是否与设计相同，表达是否明确清楚，有无错漏项。

第 五 章

必备技能之工程量清单计价

第一节　工程量清单概述

一、工程量清单的概述

工程量清单是表现拟建工程的分部分项工程项目、措施项同、其他项目名称和相应数量的明细清单。工程量清单由招标人按照"计价规范"附录中统一的项目编码、项目名称、项目特征、计量单位和工程量计算规则进行编制，包括分部分项工程量清单、措施项目清单和其他项目清单。

工程量清单计价，是指投标人完成由招标人提供的工程量清单所需的全部费用，包括分部分项工程费、措施项目费、其他项目费、规费和税金。

二、工程量清单的特点

（1）工程量清单计价方法，是建设工程招标投标中，招标人按照国家统一工程量计算规则提供工程数量，由投标人依据工程量清单自主报价，并按照经评审低价中标的工程造价计价方式。它是和编制预算造价不同的而与国际接轨的计算工程造价的方法。

（2）工程量清单计价是工程预算改革及与国际接轨的一项

重大举措，它使工程招投标造价由政府调控转变为承包方自主报价，实现了真正意义上的公开、公平、合理竞争。

（3）工程量清单计价与预算造价有着密切的联系，首先必须会编制预算才能学习清单计价，所以预算是清单计价的基础。

三、工程量清单计价的基本方法

综合单价计价模式：工程量清单计价采用综合单价计价。综合单价是指完成规定计量单位项目所需要的人工费、材料费、机械使用费、管理费、利润等，并考虑风险因素。

工程量清单内容包括以下几点：

（1）分部分项工程量清单。

（2）措施项目清单。

（3）其他项目清单。

（4）规费项目清单。

（5）税金项目清单。

第二节　工程量清单的编制

一、工程量清单的使用范围

工程量清单计价的适用范围包括建设工程招标投标的招标标底的编制、投标报价的编制、合同价款确定与调整、工程结算。

1. 招标标底编制

招标工程如设标底，标底应根据招标文件中的工程量清单和有关要求，施工现场实际情况、合理的施工方法以及建设行政主管部门制定的有关工程造价计价办法进行编制。《招标投标法》规定，招标工程设有标底的，评标时应参考标底，标底的参考作用，决定了标底的编制要有一定的强制性。这种强制性主要体现在标底的编制应按建设行政主管部门制定的有关工程造价计价办法进行。

2. 投标报价编制

投标报价应根据招标文件中的工程量清单和有关要求、施工现场实际情况及拟订的施工方案或施工组织设计，依据企业定额和市场价格信息，或参照建设行政主管部门发布的社会平均消耗量定额进行编制。

企业定额是施工企业根据本企业的施工技术和管理水平以及有关工程造价资料制定的，并供本企业使用的人工、材料和机械台班消耗量标准。

社会平均消耗量定额简称消耗量定额，是指在合理的施工组织设计、正常施工条件下，生产一个规定计量单位工程合格产品，人工、材料、机械台班的社会平均消耗量标准。

工程造价应在政府宏观调控下，由市场竞争形成。在这一指导原则下，投标人的报价应在满足招标文件要求的前提下实行人工、材料、机械消耗量自定，价格费用自选、全面竞争、自主报价的方式。

3. 合同价款确定与调整

（1）综合单价调整。施工合同中综合单价因工程量变更需调整时，除合同另有约定外按照下列办法确定：

1）工程量清单漏项或由于设计变更引起新的工程量清单项目，其相应综合单价由承包方提出，经发包人确认后作为结算的依据。

2）由于设计变更引起工程量增减部分，属合同约定幅度以内的，应执行原有的综合单价；增减的工程量属合同约定幅度以外的，其综合单价由承包人提出，经发包人确认后作为结算的依据。

3）由于工程量的变更，且实际发生了除以上两条以外的费用损失，承包人可提出索赔要求，与发包人协商确认后补偿。主要指"措施项目费"或其他有关费用的损失。

（2）变更责任。为了合理减少工程承包人的风险，并遵照谁引起风险谁承担责任的原则，规范对工程量的变更及其综合单价的确定做了规定。应注意以下事项：

1）无论由于工程量清单有误或漏项，还是由于设计变更引起新的工程量清单项目或清单项目工程数量的增减，均应按实调整。

2）工程量变更后综合单价的确定应按规范执行。

3）综合单价调整适用于分部分项工程量清单。

二、工程量清单的编制依据

编制工程量清单的依据具体如下：

（1）《建设工程工程量清单计价规范》（GB 50500—2013）。

（2）国家或省级、行业建设主管部门颁发的计价依据和办法。

（3）建设工程设计文件。

（4）与建设工程项目有关的标准、规范、技术资料。

（5）招标文件及其补充通知、答疑纪要。

（6）施工现场情况、工程特点及常规施工方案。

（7）其他相关资料。

三、工程量清单的格式

工程量清单的格式内容见表 5-1。

表 5-1　　　　　　　　　　工程量清单格式

序号	清单格式	详 细 内 容
1	封面	工程量清单，如图 5-1 所示
		招标控制价，如图 5-2 所示
		投标总价，如图 5-3 所示
		竣工结算总价，如图 5-4 所示

序号	清单格式	详 细 内 容
2	总说明	见表 5-2
3	汇总表	工程项目招标控制价/投标报价汇总表，见表 5-3
		单项工程招标控制价/投标报价汇总表，见表 5-4
		单位工程招标控制价/投标报价汇总表，见表 5-5
		工程项目竣工结算汇总表，见表 5-6
		单项工程竣工结算汇总表，见表 5-7
		单位工程竣工结算汇总表，见表 5-8
4	分部分项工程量清单表	分部分项工程量清单与计价表，见表 5-9
		工程量清单综合单价分析表，见表 5-10
5	措施项目清单表	措施项目清单与计价表一，见表 5-11
		措施项目清单与计价表二，见表 5-12
6	其他项目清单表	其他项目清单与计价汇总表，见表 5-13
		暂列金额明细表，见表 5-14
		材料暂估单价表，见表 5-15
		专业工程暂估价表，见表 5-16
		计日工表，见表 5-17
		总承包服务费计价表，见表 5-18
		索赔与现场签证计价汇总表，见表 5-19
		费用索赔申请（核准）表，见表 5-20
		现场签证表，见表 5-21
7	规范、税金项目清单与计价表	见表 5-22
8	工程款支付申请（核准）表	见表 5-23

工 程 量 清 单

投标人: _____

（单位盖章）

年　月　日

图 5-1　工程量清单封面

＿＿＿＿＿＿＿＿＿＿＿＿＿＿＿工程

招 标 控 制 价

招标控制价（小写）：＿＿＿＿＿＿＿＿＿＿＿＿＿＿＿＿＿

（大写）：＿＿＿＿＿＿＿＿＿＿＿＿＿＿＿＿＿

工程造价

招 标 人：＿＿＿＿＿＿＿＿　　　　咨 询 人：＿＿＿＿＿＿＿＿＿

（单位盖章）　　　　　　　　　　　（单位资质专用章）

法定代表人　　　　　　　　　　　　法定代表人

或其授权人：＿＿＿＿＿＿＿＿　　　或其授权人：＿＿＿＿＿＿＿＿

（签字或盖章）　　　　　　　　　　　（签字或盖章）

编 制 人：＿＿＿＿＿＿＿＿　　　　复 核 人：＿＿＿＿＿＿＿＿＿

（造价人员签字盖专用章）　　　　　　（造价工程师签字盖专用章）

编制时间：　年　月　日　　　复核时间：　年　月　日

图 5–2　招标控制价封面

招　标　人：_____

工　程　名　称：_____

投标总价（小写）：_____

（大写）：_____

投　标　人：_____

（单位盖章）

法定代表人

或其授权人：_____

（签字或盖章）

编　制　人：_____

（造价人员签字盖专用章）

编 制 时 间：　　　　年　　月　　日

图 5-3　投标总价封面

_____工程

竣 工 结 算 总 价

中标价（小写）：_____ （大写）：_____

结算价（小写）：_____ （大写）：_____

工程造价
发 包 人：_____ 承 包 人：_____ 咨 询 人：_____
（单位盖章） （单位盖章） （单位资质专用章）

法定代表人 法定代表人 法定代表人
或其授权人：_____ 或其授权人：_____ 或其授权人：_____
（签字或盖章） （签字或盖章） （签字或盖章）

编制人：_____ 核对人：_____
（造价人员签字盖专用章） （造价工程师签字盖专用章）

编制时间： 年 月 日 核对时间： 年 月 日

图 5-4 竣工结算总价封面

表 5–2   总 说 明

工程名称：   第 页共 页

表 5–3   工程项目招标控制价/投标报价汇总表

工程名称：   第 页共 页

序号	单项工程名称	金额/元	其中：（元）		
			暂估价	安全文明施工费	规费
	合　计				

注　本表适用于工程项目招标控制价或投标报价的汇总。

表 5–4   单项工程招标控制价/投标报价汇总表

工程名称：   第 页共 页

序号	单项工程名称	金额/元	其中：（元）		
			暂估价	安全文明施工费	规费
	合　计				

注　本表适用于单项工程招标控制价或投标报价的汇总。暂估价包括分部分项工程中的
暂估价和专业工程暂估价。

表 5–5 　　　　　　单位工程招标控制价/投标报价汇总表

序号	汇 总 内 容	金额/元	其中：暂估价/元
（一）	分部分项工程费		
（二）	措施项目费		
（1）	单价措施项目费		
（2）	总价措施项目费		
①	安全文明施工费		
②	脚手架费		
③	其他措施项目费		
④	专业工程措施项目费		
（三）	其他项目费		
（1）	暂列金额		
（2）	专业工程暂估价		
（3）	计日工		
（4）	总承包服务费		
（四）	规费		
	养老保险费		
	医疗保险费		
	失业保险费		
	工伤保险费		
	生育保险费		
	住房公积金		
	工程排污费		

序号	汇 总 内 容	金额/元	其中：暂估价/元
（五）	税金		
投标报价合计=一+二+三+四+五+六			

表5–6   **工程项目竣工结算汇总表**

工程名称：   第 页共 页

序号	单项工程名称	金额/元	其中：（元）	
			安全文明施工费	规费
	合　　计			

表5–7   **单项工程竣工结算汇总表**

工程名称：   第 页共 页

序号	单项工程名称	金额/元	其中：（元）	
			安全文明施工费	规费
	合　　计			

表 5-8   **单位工程竣工结算汇总表**

工程名称：   标段：   第 页共 页

序号	汇 总 内 容	金额/元
1	分部分项工程	
1.1		
1.2		
1.3		
1.4		
1.5		
2	措施项目	
2.1	其中：安全文明施工费	
3	其他项目	
3.1	其中：专业工程结算价	
3.2	其中：计日工	
3.3	其中：总承包服务费	
3.4	索赔与现场签证	
4	规费	
5	税金	
	竣工结算总价合计=1+2+3+4+5	

表 5-9　　　　　　　　　　　分部分项工程量清单与计价表

序号	项目编码	名称	项目特征描述	计量单位	工程量	金额/元		
						综合单价	合价	其中
								暂估价
105	011001002005	保温隔热天棚	[项目特征] 1. 保温隔热部位：架空层天棚 2. 保温隔热材料品种、规格及厚度：100 厚挤塑板，容重 32kg/m³	m²				
106	011001002006	保温隔热天棚	[项目特征] 1. 保温隔热部位：一层阳台底天棚 2. 保温隔热材料品种、规格及厚度：100 厚挤塑板，容重 32kg/m³	m²				
107	011001003001	保温隔热墙面	[项目特征] 1. 保温隔热部位，基础墙保温 2. 保温隔热方式： 3. 保温隔热面层材料品种、规格、性能：40 厚挤塑板	m²				
108	011001003002	保温隔热墙面	[项目特征] 1. 保温隔热部位：基础墙保温 2. 保温隔热方式： 3. 保温隔热面层材料品种、规格、性能：60 厚挤塑板	m²				
109	011001003003	保温隔热墙面	[项目特征] 1. 保温隔热部位：基础墙保温 2. 保温隔热方式： 3. 保温隔热面层材料品种、规格、性能：70 厚挤塑板	m²				

序号	项目编码	名称	项目特征描述	计量单位	工程量	金额/元		
						综合单价	合价	其中
								暂估价
110	011001003004	保温隔热墙面	[项目特征] 1. 保温隔热部位:基础墙保温 2. 保温隔热方式: 3. 保温隔热面层材料品种、规格、性能:100 厚挤塑板 4. 粘结材料种类及做法:干铺	m²				
111	011001003005	保温隔热墙面	[项目特征] 1. 保温隔热部位:外墙保温 2. 保温隔热面层材料品种、规格、性能:100 厚聚苯乙烯保温板,燃烧性能 B2 级,容重 20kg/m³ 3. 黏结材料种类及做法:三胶二布	m²				
112	011001003014	保温隔热墙面	[项目特征] 1. 保温隔热部位:外墙保温 2. 保温隔热面层材料品种、规格、性能:200 厚聚苯乙烯保温板,燃烧性能 B2 级,容重 20kg/m³	m²				
			本页小计					

注　根据建设部、财政部发布的《建筑安装工程费用组成》(建标〔2003〕206 号)的规定,为计取规费等的使用,可在表中增设"直接费"、"人工费"或"人工费+机械费"。

表 5–10 工程量清单综合单价分析表

| 项目编码 | 010101001001 | 项目名称 | 平整场地 | 计量单位 | m² | 工程量 | |

清单综合单价组成明细

定额编号	定额项目名称	定额单位/m²	数量	单价				合价			
				人工费	材料费	机械费	管理费和利润	人工费	材料费	机械费	管理费和利润
1–2	平整场地推土机75km										
人工单价		小　计									
综合工日：85元/工日		未计价材料费					0				

清单项目综合单价

材料费明细	主要材料名称、规格、型号		数量	单价/元	合价/元	暂估单价/元	暂估合价/元

表 5-11   措施项目清单与计价表一

工程名称：   标段：   第 页共 页

序号	项目编码	项目名称	计算基础	费率（%）	金额/元
		安全文明施工费			
		夜间施工费			
		二次搬运费			
		冬雨季施工费			
		大型机械设备进出场及装拆费			
		施工排水费			
		施工降水费			
		地上、地下设施、建筑物的临时保护设施费			
		已完工程及设备保护费			
		各专业工程的措施项目费			
	合　计				

注　1. 本表适用于以"项"计价的措施项目；

　　2. 根据建设部、财政部发布的《建筑安装工程费用组成》（建标〔2003〕206 号）的规定，"计算基础"可为"直接费"、"人工费"或"人工费+机械费"。

表 5-12　　　　　　　措施项目清单与计价表二

序号	项目编码	项目名称	计算基础	费率(%)	金额/元	调整费率(%)	调整后金额/元	备注
1	011707001001	安全文明施工费	分部分项合计+单价措施项目费-分部分项设备费-技术措施项目设备费					
2	011707002001	夜间施工费	分部分项预算价人工费+单价措施计费人工费					
3	011707004001	二次搬运费	分部分项预算价人工费+单价措施计费人工费					
4	011707005001	雨季施工费	分部分项预算价人工费+单价措施计费人工费					
5	011707005002	冬季施工费	分部分项预算价人工费+单价措施计费人工费					
6	011707007001	已完工程及设备保护费	分部分项预算价人工费+单价措施计费人工费					
7	01B001	工程定位复测费	分部分项预算价人工费+单价措施计费人工费					
8	011707003001	非夜间施工照明费	分部分项预算价人工费+单价措施计费人工费					
9	011707006001	地上、地下设施、建筑物的临时保护设施费						

序号	项目编码	项目名称	计算基础	费率(%)	金额/元	调整费率(%)	调整后金额/元	备注
10	01B002	专业工程措施项目费						
11	011701001001	综合脚手架						
12	011701010001	垂直防护架						
13	011701011001	建筑物垂直封闭						
	合　计							

表5–13   **其他项目清单与计价汇总表**

工程名称：   标段：   第 页共 页

序号	项目名称	金额/元	结算金额/元	备 注
1	暂列金额			明细详见表5–14
2	暂估价			
2.1	材料暂估价			明细详见表5–15
2.2	专业工程暂估价			明细详见表5–16
3	计日工			明细详见表5–17
4	总承包服务费			明细详见表5–18
合计				

注　材料暂估单价进入清单项目综合单价，此处不汇总。

表5–14   **暂列金额明细表**

工程名称：   标段：   第 页共 页

序号	项目名称	计量单位	金额/元	备注
1				
2				
3				
	合　计			

注　此表由招标人填写，如不能详列，也可只列暂定金额总额，投标人应将上述暂列金额计入投标总价中。

表 5–15　　　　　　　　　　　　材料暂估单价表

工程名称：　　　　　　　　　　标段：　　　　　　　　　　第　页共　页

序号	材料（工程设备）名称、规格、型号	计量单位	数量		暂估/元		确认/元		差额±/元		备注
			暂估	确认	单价	合价	单价	台价	单价	台价	
合计											

注　1. 此表由招标人填写，并在备注栏说明暂估价的材料拟用在哪些清单项目上，投标人应将上述材料暂估单价计入工程量清单综合单价报价中。

　　2. 材料包括原材料、燃料、构配件以及按规定应计入建筑安装工程造价的设备。

表 5–16　　　　　　　　　　专业工程暂估价表

序号	工程名称	工程内容	暂估金额/元	结算金额/元	差额±/元	备注
合计						

注　此表由招标人填写，投标人应将上述专业工程暂估价计入投标总价中。

表 5–17 计 日 工 表

编号	项目名你	单位	暂定数量	实际数量	综合单价/元	合价	
						暂定	实际
1	人工						
1.1							
	人工小计						
2	材料						
2.1							
	材料小计						
3	施工机械						
3.1							
	施工机械小计						
4. 企业管理费和利润							
	总 计						

表 5–18　　　　　　　　　　　总承包服务费计价表

序号	项目名称	项目价值/元	服务内容	计算基础	费率（%）	金额/元
1	发包人供应材料					
2	发包人采购设备					
3	总承包人对发包人发包的专业工程管理和协调					
4	总承包人对发包人发包的专业工程管理和协调并提供配合服务					

表 5–19　　　　　　　索赔与现场签证计价汇总表

工程名称：　　　　　　　　　　标段：　　　　　　　　　第　页共　页

序号	签证及索赔项目名称	计量单位	数量	单价/元	合价/元	索赔及签证依据
	本页小计					
	合　计					

注　签证及索赔依据是指经双方认可的签证单和索赔依据的编号。

155

表 5–20 　　　　　　　　　费用索赔申请（核准）表

工程名称：　　　　　　　　　标段：　　　　　　　　编号：

致：＿＿＿＿＿＿＿＿＿＿＿＿＿＿＿＿＿＿＿＿＿＿＿＿＿＿＿（发包人全称）

　　根据施工合同条款＿＿＿＿＿＿条的约定，由于＿＿＿＿＿＿＿＿＿＿＿＿＿原因，我方要求索赔金额（大写）＿＿＿＿＿＿＿＿＿＿＿＿（小写＿＿＿＿＿＿＿），请予核准。

附：1. 费用索赔的详细理由和依据。

　　2. 索赔金额的计算。

　　3. 证明材料。

　　　　　　　　　　　　　　　　　　　　　承包人（章）

　　　　　　　　　　　　　　　　　　　　　承包人代表＿＿＿＿＿＿＿

　　　　　　　　　　　　　　　　　　　　　日　　　期＿＿＿＿＿＿＿

复核意见： 　　根据施工合同条款＿＿＿＿条的约定，你方提山的费用索赔申请经复核： 　□不同意此项索赔，具体意见见附件。 　□同意此项索赔，索赔金额的计算，由造价工程师复核。 　　监理工程师＿＿＿＿＿＿＿＿ 　　日　　　期＿＿＿＿＿＿＿＿	复核意见： 　　根据施工合同条款＿＿＿＿条的约定，你方提出的费用索赔申请经复核，索赔金额为（大写）＿＿＿＿＿＿＿（小写＿＿＿＿＿＿＿）。 　　造价工程师＿＿＿＿＿＿＿＿ 　　日　　　期＿＿＿＿＿＿＿＿

审核意见：

　□不同意此项索赔

　□同意此项索赔，与本期进度款同期支付。

　　　　　　　　　　　　　　　　　　　　　发包人（章）

　　　　　　　　　　　　　　　　　　　　　发包人代表＿＿＿＿＿＿＿

　　　　　　　　　　　　　　　　　　　　　日　　　期＿＿＿＿＿＿＿

注　1. 在选择栏中的"□"内作标识"√"。

　　2. 本表一式四份，由承包人填报. 发包人、监理人、造价咨询人、承包人各存一份。

表 5–21　　　　　　　　　　现 场 签 证 表

工程名称：　　　　　　　　标段：　　　　　　　　编号：

施工部位		日期	

致：＿＿＿＿＿＿＿＿＿＿＿＿＿＿＿＿＿＿＿＿＿＿＿＿＿＿（发包人全称）

　　根据＿＿＿＿＿＿＿＿（指令人姓名）＿＿＿＿年＿＿月＿＿日的口头指令或你方＿＿＿＿（或监理人）＿＿＿＿年＿＿月＿＿日的书面通知，我方要求完成此项工作应支付价款金额为（大写）＿＿＿＿＿＿＿（小写＿＿＿＿＿＿），请予核准。

　　附：1. 签证事由及原因

　　　　2. 附图及计算式

承包人（章）

承包人代表＿＿＿＿＿＿

日　　　　期＿＿＿＿＿＿

复核意见： 你方提出的此项签证申请经复核： □不同意此项签证，具体意见见附件 □同意此项签证，签证金额的计算，由造价工程师复核 　　　　　监理工程师＿＿＿＿＿＿ 　　　　　日　　　　期＿＿＿＿＿＿	复核意见： □此项签证按承包人中标的计日工单价计算，金额为（大写）＿＿＿＿＿＿元，（小写＿＿＿＿＿＿元） □此项签证因无计日工单价，金额为（大写）＿＿＿＿＿＿元，（小写＿＿＿＿＿＿）。 　　　　　造价工程师＿＿＿＿＿＿ 　　　　　日　　　　期＿＿＿＿＿＿

审核意见：

□不同意此项签证

□同意此项签证，价款与本期进度款同期支付。

发包人（章）

发包人代表＿＿＿＿＿＿

日　　　　期＿＿＿＿＿＿

注　1. 在选择栏中的"□"内作标识"√"；

　　2. 本表一式四份，由承包人在收到发包人（监理人）的口头或书面通知后填写，发包人、监理人、造价咨询人、承包人各存一份。

表 5-22　　　　　　　　规范、税金项目清单与计价表

序号	项目名称	计算基础	计算基数	计算费率（%）	金额/元
1	规费	养老保险费+医疗保险费+失业保险费+工伤保险费+生育保险费+住房公积金+工程排污费			
1.1	养老保险费	其中：计费人工费+其中：计费人工费+人工价差-脚手架费人工费价差			
1.2	医疗保险费	其中：计费人工费+其中：计费人工费+人工价差-脚手架费人工费价差			
1.3	失业保险费	其中：计费人工费+其中：计费人工费+人工价差-脚手架费人工费价差			
1.4	工伤保险费	其中：计费人工费+其中：计费人工费+人工价差-脚手架费人工费价差			
1.5	生育保险费	其中：计费人工费+其中：计费人工费+人工价差-脚手架费人工费价差			
1.6	住房公积金	其中：计费人工费+其中：计费人工费+人工价差-脚手架费人工费价差			
1.7	工程排污费				
2	税金	分部分项工程费+措施项目费+其他项目费+规费			
合　　计					

表 5-23 **工程款支付申请（核准）表**

工程名称： 标段： 编号：

致： _____（发包人全称）

我方于____至____期间已完成了_____工作，根据施工合同的约定，现申请支付本期的工程款额为（大写）_____（小写_____），请予核准。

序号	名　　称	金额（元）	备　注
1	累计已完成的工程价款		
2	累计已实际支付的工程价款		
3	本周期已完成的工程价款		
4	本周期完成的计日工金额		
5	本周期应增加和扣减的变更金额		
6	本周期应增加和扣减的索赔金额		
7	本周期应抵扣的预付款		
8	本周期应扣减的质保金		
9	本周期应增加或扣减的其他金额		

序号	名　称	金额（元）	备　注
10	本周期实际应支付的工程价款		

承包人（章）

承包人代表_____

日　　期_____

复核意见： □与实际施工情况不相符，修改意见见附件； □与实际施工情况相符，具体金额由造价工程师复核。 　　　监理工程师_____ 　　　日　　期_____	复核意见： 　你方提出的支付申请经复核，本期间已完成工程款额为（大写）_____（小写_____），本期间应支付金额为（大写）_____（小写_____）。 　　　造价工程师_____ 　　　日　　期_____

审核意见：

□不同意

□同意，支付时间为本表签发后的15天内。

发包人（章）

发包人代表_____

日　　期_____

注　1. 在选择栏中的"□"内作标识"√"。

　　2. 本表一式四份，由承包人填报，发包人、监理人、造价咨询人、承包人各存一份。

第三节　工程量清单计价

一、工程量清单计价的费用构成

采用工程量清单计价，建筑工程造价由分部分项工程费、措施项目费，其他项目费、规费和税金组成，如图5-5所示。

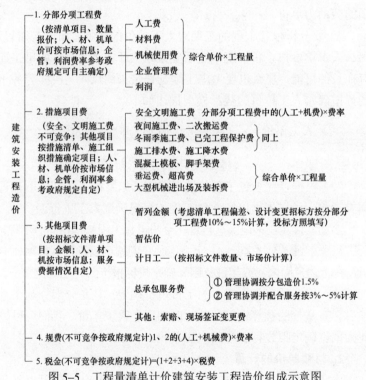

图 5-5　工程量清单计价建筑安装工程造价组成示意图

二、人、材、机费用计算

1. 人工单价的计算

人工单价的编制方法主要有以下几种：

（1）根据劳务市场行情确定人工单价。目前，根据劳务市场行情确定人工单价已经成为计算工程劳务费的主流。根据劳务市场行情确定人工单价应注意以下几个方面的问题：

1）要尽可能掌握劳动力市场价格中的长期历史资料。

2）在确定人工单价时要考虑用工的季节性变化。当大量聘用农民工时，要考虑农忙季节时人工单价的变化。

3）在确定人工单价时要采用加权平均的方法综合各劳务市场的劳动力单价。

4）要分析拟建工程的工期对人工单价的影响。如果工期紧，那么人工单价按正常情况确定后要乘以大于1的系数。如果工期有拖长的可能，那么也要考虑工期延长带来的风险。根据劳务市场行情确定人工单价的数学模型描述如下

$$人工单价=\sum_{i=1}^{n}（某劳务市场人工单价×权重）_i×$$

季节变化系数×工期风险系数

（2）根据以往承包工程的情况确定。如果在本地以往承包过同类工程，可以根据以往承包工程的情况确定人工单价。

例如，以往在某地区承包过三个与拟建工程基本相同的工程，砖工每个工日支付了40~41元，这时我们就可以进行具体对比分析，在上述范围内（或超过范围）确定投标报价的砖工人工单价。

（3）根据预算定额规定的工日单价确定。凡是分部分项工程项目含有基价的预算定额，都明确规定了人工单价，我们可以以此为依据确定拟投标工程的人工单价。

2. 材料单价的计算

由于其采购和供货方式不同，构成材料单价的费用也不相同，一般有以下几种：

（1）材料供货到工地现场。当材料供应商将材料供货到施工现场或施工现场的仓库时，材料单价由材料原价、采购保管费构成。

（2）在供货地点采购材料。当需要派人到供货地点采购材料

时，材料单价由材料原价、运杂费、采购保管费构成。

（3）需二次加工的材料。当某些材料采购回来后，还需要进一步加工的，材料单价除了上述费用外，还包括二次加工费。

1）材料原价的确定。材料原价是指付给材料供应商的材料单价。当某种材料有两个或两个以上的材料供应商供货且材料原价不同时，要计算加权平均材料原价。加权平均材料原价的计算公式为

$$\text{加权平均材料原价} = \frac{\sum_{i=1}^{n}(\text{材料原价} \times \text{材料数量})_i}{\sum_{i=1}^{n}(\text{材料数量})_i}$$

式中　i——不同的材料供应商。

2）材料运杂费计算。材料运杂费是指在材料采购后运回工地仓库所发生的各项费用，包括装卸费、运输费和合理的运输损耗费等。材料装卸费按行业市场价支付。材料运输费按行业运输价格计算，若供货来源地点不同且供货数量不同时，需要计算加权平均运输费。其计算公式为

$$\text{加权平均运输费} = \frac{\sum_{i=1}^{n}(\text{运输单价} \times \text{材料数量})_i}{\sum_{i=1}^{n}(\text{材料数量})_i}$$

材料运输损耗费是指在运输和装卸材料过程中不可避免产生的损耗所发生的费用。其计算公式为

材料运输损耗费=（材料原价+装卸费+运输费）×运输损耗率

3）材料采购保管费计算。材料采购保管费是指施工企业在组织采购材料和保管材料过程中发生的各项费用，包括采购人员的工资、差旅费、通信费、业务费、仓库保管费等各项费用。

采购保管费一般按前面计算的与材料有关的各项费用之和乘以一定的费率计算，通常取1%～3%。计算公式为

材料采购保管费=（材料原价+运杂费）×采购保管费率

4）材料单价确定。通过上述分析，我们知道，材料单价的计算公式为

材料单价=加权平均材料原价+加权平均材料运杂费+
采购保管费或材料单价=（加权平均材料原价+
加权平均材料运杂费）×（1+采购保管费率）

3. 机械台班单价的计算

据有关规定可知，机械台班单价由七项费用构成。这些费用按其性质划分为第一类费用和第二类费用。

（1）第一类费用。第一类费用又称不变费用，是指属于分摊性质的费用，包括折旧费、大修理费、经常修理费、安拆及场外运输费等。从简化计算的角度出发，第一类费用可以提出以下计算方法：

1）折旧费。

台班折旧费=机械预算价格×（1–残值率）×
贷款利息系数/耐用总台班数

2）大修理费。大修理费是指机械设备按规定到了大修理间隔台班需进行人修理，以恢复正常使用功能所需支出的费用。计算公式为

$$台班大修理费=\frac{一次大修理费×（大修理周期–1）}{耐用总台班}$$

耐用总台班计算方法为

耐用总台班=预计使用年限×年工作台班

机械设备的预计使用年限和年工作台班可参照有关部门指导性意见，也可根据实际情况自主确定。

3）经常修理费。经常修理费是指机械设备除大修理外的各级保养及临时故障所需支出的费用，包括为保障机械正常运转所需替换设备，随机配置的工具、附具的摊销及维护费用，机械正常运转及日常保养所需润滑、擦拭材料费用和机械停置期间的维

护保养费用等。

台班经常修理费的简化计算公式为

台班经常修理费=台班大修理费×经常修理费系数

4）安拆费及场外运输费。安拆费是指机械在施工现场进行安装、拆卸所需人工、材料、机械费和试运转费，以及机械辅助设施（如行走轨道、枕木等）的折旧、搭设、拆除等费用。

场外运输费是指机械整体或分体自停置地点运至施工现场或由一工地运至另一工地的运输、装卸、辅助材料以及架设费用。该项费用在实际工作中可以采用两种方法：一是当发生费用时在工程报价中已经计算了，那么在编制机械台班单价时就不再计算；二是，根据往年发生的费用的年平均数，除以年工作台班计算。计算公式为

$$台班安拆及场外运输费=\frac{历年统计安拆费及场外运输费的年平均数}{年工作台班}$$

（2）第二类费用。第二类费用又称可变费用，是指属于支出性质的费用，包括燃料动力费、人工费、养路费及车船使用税等。第二类费用计算如下：

1）燃料动力费。燃料动力费是指机械设备在运转行业中所耗用的各种燃料、电力风力、水等的费用。计算公式为

台班燃料动力费=每台班耗用的燃料或动力数量×燃料或动力单价

2）人工费。人工费是指机上司机、司炉和其他操作人员的工作日工资。计算公式为

台班人工费=机上操作人员人工工日数×人工单价

3）养路费及车船使用税。养路费及车船使用税是指按国家规定应缴纳的机动车养路费、车船使用税、保险费及年检费。计

算公式为

$$台班养路费及车船使用税=\frac{核定吨位×\{养路费[元/(t·月)]×12+车船使用税元/(t·车)]\}}{年工作台班}+$$

$$保险费及年检费$$

其中

$$保险费及年检费=\frac{年保险费及年检费}{年工作台班}$$

三、综合单价的计算

综合单价是相对各分项单价而言的，是在分部分项清单工程量以及相对应的计价工程量项目乘以人工单价、材料单价、机械台班单价、管理费费率、利润率的基础上综合而成的。形成综合单价的过程不是简单地将其汇总的过程，而是根据具体分部分项清单工程量和计价工程量以及工料机单价等要素的结合，通过具体计算后综合而成的。

综合单价的计算过程是，先用计价工程量乘以定额消耗量得出工料机消耗量，再乘以对应的工料机单价得出主项和附项直接费，然后再计算出计价工程量清单项目费小计，最后再用该小计除以清单工程量得出综合单价。其示意图如图5-6所示。

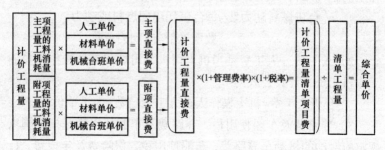

图5-6 综合单价计算方法

四、措施项目费及其他费用的计算

（1）措施项目费。措施项目费的计算方法一般有以下几种：

1）定额分析法。凡是可以套用定额的项目，通过先计算工程量，然后再套用定额分析出工料机消耗量，最后根据各项单价和费率计算出措施项目费的方法。例如，脚手架搭拆费可以根据施工图算出的搭设的工程量，然后套用定额、选定单价和费率，计算出除规费和税金之外的全部费用。

2）系数计算法。采用与措施项目有直接关系的分部分项清单项目费为计算基础，乘以措施项目费系数，求得措施项目费。例如，临时设施费可以按分部分项清单项目费乘以选定的系数（或百分率）计算出该项费用。计算措施项目费的各项系数是根据已完工程的统计资料，通过分析计算得到的。

3）方案分析法。通过编制具体的措施实施方案，对方案所涉及的各项费用进行分析计算后，汇总成措施项目费。

（2）其他项目费。其他项目费由招标人和投标人两个部分的内容组成。

1）招标人部分。

一是预留金。预留金主要指考虑可能发生的工程量变化和费用增加而预留的金额。引起工程量变化和费用增加的原因很多，一般包括以下几个方面：

a. 单编制人员错算、漏算引起的工程量增加。

b. 设计深度不够、设计质量较低造成的设计变更引起的工程量增加。

c. 施工过程中应业主要求，经设计或监理工程师同意的工程变更增加的工程量。

d. 其他原因引起应由业主承担的增加费用，如风险费用和索赔费用。

经验指导：预留金由清单编制人根据业主意图和拟建工程实

际情况计算确定。设计质量较高，已成熟的工程设计，一般预留工程造价的 3%～5%作为预留金，在初步设计阶段，工程设计不成熟，一般要预留工程造价的 10%～15%预留金。

预留金作为工程造价的组成部分计入工程造价。但预留金应根据发生的情况和必须通过监理工程师批准方能使用。未使用部分归业主所有。

二是材料购置费。材料购置费是指业主出于特殊目的或要求，对工程消耗的某几类材料，在招标文件中规定，由招标人组织采购发生的材料费。

三是其他。其他招标人可增加的新项目。例如，指定分包工程费，即由于某些项目或单位工程专业性较强，必须由专业队伍施工，就需要增加该项费用。其费用数额应通过向专业施工承包商询价（或招标）确定。

2）投标人部分。工程量清单计价规范中列举了总承包服务费、零星工作项目费两项内容。如果招标文件对承包商的工作内容还有其他要求，也应列出项目。例如，机械设备的场外运输，为业主代培技术工人等。

（3）规费。规费一般包括表 5–24 中的内容。

表 5–24　　　　　　　　　　规费的组成内容

名称	内　容
工程排污费	工程排污费是指按规定缴纳的施工现场的排污费
定额测定费	定额测定费是指按规定支付给工程造价（定额）管理部门的定额测定费用
养老保险费	养老保险费是指企业按规定标准为职工缴纳的养老保险费（指社会统筹部分）
失业保险费	失业保险费是指企业按照国家规定标准为职工缴纳的失业保险金
医疗保险费	医疗保险费是指企业按规定标准为职工缴纳的基本医疗保险费
住房公积金	住房公积金是指企业按规定标准为职工缴纳的住房公积金
危险作业意外伤害保险	按照《中华人民共和国建筑法》规定，企业为从事危险作业的建筑安装施工人员支付的意外伤害保险费

（4）税金。税金是指国家税法规定的应计入建筑安装工程造价内的营业税、城市维护建设税及教育费附加。其计算公式为

$$税金 =（分部分项清单项目费 + 措施项目费 + $$
$$其他项目费 + 规费 + 税金）× 税率$$

此公式可替换为

$$税金 =（分部分项清单项目费 + 措施项目费 + $$
$$其他项目费 + 规费）× \frac{税率}{1 - 税率}$$

第 六 章

必备技能之建筑工程定额计价

第一节 建筑工程定额概述

一、建筑工程定额的作用及分类

1. 建筑工程定额的作用

（1）定额是编制工程计划、组织和管理施工的重要依据。为了更好地组织和管理施工生产，必须编制施工进度计划和施工作业计划。在编制计划和组织管理施工生产中，直接或间接地要以各种定额来作为计算人力、物力和资金需用量的依据。

（2）定额是确定建筑工程造价的依据。在有了设计文件规定的工程规模、工程数量及施工方法之后，即可依据相应定额所规定的人工、材料、机械台班的消耗量，以及单位预算价值和各种费用标准来确定建筑工程造价。

（3）定额是建筑企业实行经济责任制的重要环节。当前，全国建筑企业正在全面推行经济改革，而改革的关键是推行投资包干制和以招标、投标、承包为核心的经济责任制。其中签订投资包工协议、计算招标标底和投标报价、签订总包和分包合同协议等，通常都以建筑工程定额为主要依据。

（4）定额是总结先进生产方法的手段。定额是在平均先进合理的条件下，通过对施工生产过程的观察、分析综合制定的。它比较科学地反映了生产技术和劳动组织的先进合理程度。因此，我们可以以定额的标定方法为手段，对同一建筑产品在同一施工操作条件下的不同生产方式进行观察、分析和总结，从而得出一套比较完整的先进生产方法，在施工生产中推广应用，使劳动生产率得到普遍提高。

2. 建筑工程定额的分类

建筑工程定额是一个综合概念，是建筑工程中生产消耗性定额的总称。它包括的定额种类很多。为了对建筑工程定额从概念上有一个全面的了解，按其内容、形式、用途和使用要求，可大致分为以下几类：

（1）按生产要素分类。建筑工程定额按其生产要素分类，可分为劳动消耗定额、材料消耗定额和机械台班消耗定额。

（2）按用途分类。建筑工程定额按其用途分类，可分为施工定额、预算定额、概算定额、工期定额及概算指标等。

（3）按费用性质分类。建筑工程按其费用性质分类，可分为直接费定额、间接费定额等。

（4）按主编单位和执行范围分类。建筑工程定额按其主编单位和执行范围分类，可分为全国统一定额、主管部门定额、地区统一定额及企业定额等。

（5）按专业分类。按专业分类可分为建筑工程定额和设备及安装工程定额。建筑安装工程定额分类建筑工程通常包括一般土建工程、构筑物工程、电气照明工程、卫生技术（水暖通风）工程及工业管道工程等。

二、建筑工程定额的特点

（1）科学性。定额的科学性，表现为定额的编制是在认真研究客观规律的基础上，自觉遵循客观规律的要求，用科学方法确定各项消耗量标准。所确定的定额水平，是大多数企业和职工经过努力能够达到的平均先进水平。

（2）法令性。定额的法令性，是指定额一经国家、地方主管部门或授权单位颁发，各地区及有关施工企业单位，都必须严格遵守和执行，不得随意变更定额的内容和水平。定额的法令性保证了建筑工程统一的造价与核算尺度。

（3）群众性。定额的拟定和执行，都要有广泛的群众基础。定额的拟定，通常采取工人、技术人员和专职定额人员三结合方式。使拟定定额时能够从实际出发，反映建筑安装工人的实际水平，并保持一定的先进性，使定额容易为广大职工所掌握。

（4）稳定性和时效性。建筑工程定额中的任何一种定额，在一段时期内都表现出稳定的状态。根据具体情况不同，稳定的时间也有长有短，一般在5~10年。但是，任何一种建筑工程定额，都只能反映一定时期的生产力水平，当生产力向前发展了，定额就会变得陈旧。所以，建筑工程定额在具有稳定性特点的同时，也具有显著的时效性。当定额不能起到它应有作用的时候，建筑工程定额就要重新修订了。

第二节 预 算 定 额

一、预算定额的作用

建筑工程预算定额，是指在正常合理的施工条件下，规定完成一定计量单位的分项工程或结构构件所必需的人工、材料和施工机械台班、以及价值货币表现合理消耗的数量标准。建筑工程预算定额由国家或各省、市、自治区主管部门或授权单位组织编制并颁发执行。

建筑工程预算定额的具体作用如下：

（1）是编制施工图预算、确定工程预算造价的基本依据。

（2）是对设计方案进行技术经济评价，对新结构、新材料进行技术经济分析的主要依据。

（3）是推行投标报价、投资包干、招标承包制的重要依据。

（4）是施工企业与建设单位办理工程结算的依据。

（5）是建筑企业进行经济核算和考核工程成本的依据。

（6）是国家对基本建设进行统一计划管理的重要工具之一。

（7）是编制概算定额的基础。

二、预算定额的内容与应用

为了便于确定各分部分项工程或结构构件的人工、材料和机械台班等的消耗指标，以及相应的价值货币表观的标准，将预算定额按一定的顺序汇编成册。这种汇编成册的预算定额，称为建筑工程预算定额手册。

建筑工程预算定额手册由目录、总说明、建筑面积计算规则、分部分项工程说明及其相应的工程量计算规则、定额项目表和有关附录等组成，具体见表 6–1。

表 6–1 建筑工程预算定额内容

序号	内 容	说 明
1	定额总说明	概述了建筑工程预算定项的编制目的、指导思想、编制原则、编制依据、定额的适用范围和作用，以及有关问题的说明和使用方法
2	建筑面积计算规则	建筑面积计算规则严格、系统地规定了计算建筑面积内容范围和计算规则
3	分部工程说明	介绍了分部工程定额中包括的主要分项工程和使用定额的一些基本规定，并阐述了该分部工程中各项工程的工程量计算规则和方法
4	分项工程定额项目表	列有完成定额计量单位建筑产品的分项工程造价和其中的人工费、材料费和机械费，同时还列有人工（按人工、普通工、辅助和其他用工数分列）、材料（按主要材料分列）和机械台班（按机械类型及台班数量分列）。它主要由说明、子目栏和附注等部分组成，表 6–2 为某省建筑预算定额分项工程定额项目表形式
5	定额附录	建筑工程预算定额手册中的附录包括：机械台班价格、材料预算价格，主要作为定额换算和编制补充预算定额的基本依据

表6-2 天窗、混凝土框上装木门扇及玻璃窗定额项目表

工作内容:(1)制作安装窗框窗扇亮子、刷清油、刷防腐油、塞油膏、安装上下挡、托木、铺钉封口板(序号42)。

(2)安装钢筋混凝土门框等。

定额编号			7-50	7-41	7-42	7-43	7-44	7-45
项　目	单位	单价/元	天窗			钢筋混凝土框上木门扇	混凝土框上安单层玻璃窗	天窗安有框铁丝网
			全是悬	中悬带固	木屋架天窗上下挡板			
			100m² 框外围面积		100m²	100m² 框外围面积		100m²
基价	元		11 131.72 / 11 096.02	9358.35 / 9338.67	8089.50	11 646.12 / 11 567.41	7283.43 / 7166.20	138.44
其中	人工费	元	1430.00	1132.38	377.68	1284.74	1606.68	107.60
	材料费	元	9423.90	8002.82	7711.82	9952.70	5323.39	30.84
	机械费	元	277.82 / 242.12	223.39 / 203.71	—	408.68 / 329.97	353.36 / 236.13	—
(一)制作								
人工	合计	工日	21.52	33.00	28.46	12.21	27.73	16.23
	技工	工日	21.52	25.63	21.59	6.72	21.24	11.22
	普通工	工日	21.52	0.96	0.60	0.70	0.76	0.49
	辅助工	工日	21.52	3.68	3.68	3.68	0.21	3.04
	其他工	工日	21.52	3.00	2.59	1.11	2.52	1.48
材料	一等小方(红松、细)	m³	2105.14	1.716	1.029	—	2.770	2.055
	一等中板(红松、细)	m³	2105.14	—	—	—	1.321	—
	一等中方(红白松、框料)	m³	1818.96	2.929	2.366	1.434	—	—
	一等薄板(红松、细)	m³	2105.14	—	—	2.110	—	—

定额编号			7-50	7-41	7-42	7-43	7-44	7-45
项　目	单位	单价/元	天窗			钢筋混凝土框上木门扇	混凝土框上安单层玻璃窗	天窗安有框铁丝网
			全是悬	中悬带固	木屋架天窗上下挡板			
			100m²框外围面积		100m²	100m²框外围面积		100m²
材料 二等中方（白松）	m³	1132.95	0.014	0.014	—	—	—	—
胶（皮质）	kg	18.38	4.250	2.510	—	4.070	4.070	—
铁钉（综合）	kg	6.16	7.930	6.310	—	2.310	0.280	—
清油	kg	18.49	8.230	8.230	8.230	6.550	6.830	—
油漆溶剂油	kg	3.70	5.500	5.500	5.500	4.380	4.600	—
木材干燥费	m³	107.66	4.008	3.395	3.544	4.091	2.055	—
其他材料费	元	2.00	4.480	4.480	4.480	3.710	3.700	—
机械 圆锯机 φ1000mm 以内	台班	67.20	0.68	0.56	—	1.29	0.54	—
压刨机三面 400mm 以内	台班	65.97	1.61	1.33	—	1.65	104	—
打眼机 φ50mm 以内	台班	11.60	1.38	1.29	—	1.03	1.32	—
开榫机 160mm 以内	台班	58.46	0.74	0.67	—	0.99	0.80	—
裁口机多面 400mm	台班	42.40	0.43	0.35	—	0.64	0.40	—
（二）安装								
材料 二等中方（白松）	m²	1132.95	0.248	0.248	—	0.464	0.424	—
有框铁丝网	m²	—	—	—	—	—	—	(72.82)
铁钉（综合）	kg	6.16	1.57	1.61	16.00	3.75	2.97	—
铁件	kg	4.70	84.17	84.17	—	—	—	—

定额编号			7-50	7-41	7-42	7-43	7-44	7-45
项　目	单位	单价/元	天窗			钢筋混凝土框上木门扇	混凝土框上安单层玻璃窗	天窗安有框铁丝网
			全是悬带固	中悬带固	木屋架天窗上下挡板			
			100m²框外围面积		100m²	100m²框外围面积		100m²
材料 铁件（精加）	kg	5.14	—	—	—	—	—	6.00
防腐油（或臭油水）	kg	10.89	6.48	6.48	—	—	—	—
毛毡（防寒）	m²	3.64	25.49	25.49	32.30	—	—	—
其他材料费	元	2.00	18.51	17.52	—	—	25.09	—
机械 塔式起重机（综合）／卷扬机单块1t以内	台班	484.08／66.92	0.10／0.19	0.06／0.14	—	0.24／0.56	0.35／0.78	—

有关预算定额的具体使用，在本书第二章"建筑工程定额计价"部分已有介绍。

第三节　概　算　定　额

一、概算定额的作用

建筑工程概算定额是由国家或主管部门制定颁发，规定完成一定计量单位的建筑工程扩大结构构件、分部工程或扩大分项工程所需人工、材料、机械消耗和费用的数量标准。因此，又称扩大结构定额。

概算定额具体的作用如下：

（1）概算定额是编制基本建设投资规划的基础。

（2）概算定额是对建设项目进行可行性研究、编制总概算和设计任务书、控制基本建设投资、考核建设成本、比较设计方案的先进合理性、确定基本建设项目贷款、拨款和施工图预算、进行竣工决算的依据。

（3）概算定额是建筑安装企业编制施工组织设计大纲或总设计，拟订施工总进度计划、主要材料和设备申请计划的计算基础。

（4）概算定额是编制概算指标、投资估算指标和进行工程价款定期结算的依据。

二、概算定额的内容与应用

1. 概算定额的内容

概算定额表现为按地区特点和专业特点汇编而成的定额手册，其内容基本由文字说明、定额项目表和附录等组成。例如，某省建筑工程概算定额主要包括了总说明、土建分册、水暖通风分册和电气照明分册等四个分部内容。

（1）总说明。在总说明中，阐述了本定额的编制依据、编制原则、手册划分、定额的作用、适用范围和使用时应注意的问题等。

（2）分册内容。每一个分册都是根据专业施工顺序和结构部位排列，划分章节进行编制。例如，土建分册就包括分册说明、建筑面积计算规则、土石方工程、基础工程、墙壁工程、脚手架工程、梁柱工程、楼地面工程、房盖工程、门窗工程、耐酸防腐工程、厂区工程和构筑物工程等内容。表6-3为土建分册双面清水墙部分概算定额形式。

表 6–3   砖 砌 外 墙

工作内容：砖砌、砌块、必要镶砖、钢筋砖过梁、砌平石旋、钢筋混凝土过梁、钢筋加固、伸缩缝、刷红土子、抹灰勾缝和刷白。

编号		1	2	3	4	5	6
项目	单位	双面清水墙					
		实 砌				空 斗	
		一砖	一砖半	二砖	每增减半砖	二砖	每增减半砖
基价	元	1 645.42	2 399.99	3 130.91	721.43	2 573.09	584.80
其中	人工费	元	206.48	262.71	310.81	54.03	268.47	43.67
	材料费	元	1 358.20	2 020.99	2 670.55	633.00	2 173.57	511.27
	机械使用费	元	80.74	116.29	149.55	34.40	131.05	39.86
主要材料	钢材	t	0.022	0.032	0.044	0.011	0.044	0.011
	木材	m²	0.053	0.078	0.104	0.049	0.129	0.122
	水泥	kg	1653	2219	2763	565	2548	515
建筑物檐口高度在 3.6m 以下者减去垂直运输机械费								
每 100m² 减去	元	30.41	43.77	55.40	13.57	43.06	10.70

2. 概算定额手册的应用

（1）概算定额手册的组成。从总体上看，概算定额手册主要由目录、总说明、分册说明、建筑面积计算规则、章（节）说明、工程量计算规则、定额项目表、附注及附录等组成。

由于地区特点和专业特点的差异，有些仅包括在个别分册中。如建筑面积计算规则，仅在土建工程分册中有此内容。至于各组成部分所要说明和阐述的问题，与预算定额手册基本类似。

1）工程量的换算。工程量的换算是根据预算定额中规定的内容，将在施工图中计算得来的工程量乘以定额规定的调整系数进行换算。

【例 6–1】某装饰大厅的异型艺术吊顶，图纸计算的展开面积为 200m²。按照此部分工程量的计算规则，定额规定：异型艺术吊顶应按展开面积乘以系数 1.15 计算。

工程量的换算=200×1.15=230（m²）

2）人工机械系数的调整。

【例6–2】有一基础梁，设计要求安装采用端头焊接的方法连接，查××省综合定额 02–202 项预制混凝土基础梁子目，定额基价 6848.6 元/10m³，综合工日为 25.84 元/工日，含量为 59.511 工日/10m³。电焊条 3.14 元/kg 含量为 0.784kg/10m³。且下有注：预制混凝土基础梁安装，如果有电焊焊接，每 10m³ 构件增加电焊条 5.45kg，交流电焊机 0.40 台班，综合人工 0.60 工日。

这里的定额基价 6848.6 元/10m³ 就不能直接采用，应换算如下：

a. 换算人工。

换算人工=59.511+0.60=60.111（工日）

工日定额价=60.111×25.84=1553.268（元/10m³）

b. 换算材料。

换算材料=5.45+0.784=6.234（kg）

电焊条材料定额价=6.234×4.8=29.92（元/10m³）

c. 换算机台班。这里只能查到直流电焊机的台班，无交流电焊机的台班，那我们就到定额的附录中《主要材料及机械单价表》去查。

查得交流电焊机的台班 105 元/台班。

定额价=0.40×105=42（元/10m³）

定额基价换算=6848.6−59.511×25.84（定额人工费）+
        1553.268（换算人工费）−0.784×4.8
        （定额量）+29.92（换算量）+42（交流
        电焊机的台班费）=6920.23（元/10m³）

所以换算后的定额基价为 6920.23 元/10m³。

（2）概算定额手册的应用。概算定额主要用于编制概算，在使用前要对定额的文字说明部分仔细地阅读，并在熟悉图纸的基础上，准确地计算工程量、套用定额和确定工程的概算造价。而对定额项目表的查阅方法、定额编号的表示法、计量单位的确定、定额中用语和符号的含义等，与预算定额基本相同。另外，对定额中有些项目的单项组成内容与设计不符时，要按定额规定进行调整换算。

【例 6–3】某工程的二砖外墙为 1200m²，设计外墙临街面为水刷石，其工程量为 800m²，其余为水泥砂浆；内面抹混合砂浆刷白，试计算该二砖外墙的概算造价。

在某省砖砌外墙概算定额中只有双面抹灰墙项目，因此需进行调整，方法如下：

1）从《定额项目表》中查出双面抹灰二砖外墙基价为 3324.46 元/100m²，则双面抹灰外墙费用为

$$12×3324.46=39\ 893.52（元）$$

2）从《内外墙面、墙裙和局部装饰增加表》中查得外墙局部抹水刷石的基价为 228.97 元/100m²，则增加费用为

$$8×228.97=1831.76（元）$$

3）计算二砖外墙的概算造价。

$$概算造价=39\ 893.52+1831.76=41\ 725.28（元）$$

第四节 施 工 定 额

一、施工定额的内容

施工定额，是施工企业（建筑安装企业）为组织生产和加强管理在企业内部使用的一种定额，属于企业生产定额的性质。它是建筑安装工人在合理的劳动组织或工人小组在正常施工条件下，为完成单位合格产品，所需劳动、机械、材料消耗的数量标准。它由劳动定额、机械定额和材料定额三个相对独立的部分组成。施工定额是施工企业内部经济核算的依据，也是编制预算定

额的基础。

施工定额的主要作用如下：

（1）据以进行工料分析，编制人工、材料、机械设备需要量计划。

（2）据以编制施工预算、施工组织设计和施工作业计划。

（3）加强施工管理，开展班组核算，签发施工任务和定额领料。

（4）据以实行按劳分配，计算劳动报酬。

施工定额要贯彻平均先进、简明适用的原则，使其在建筑业中既有一定的先进性，又有广泛的适应性。

二、劳动定额

劳动定额，即人工定额。在先进合理的施工组织和技术措施的条件下，完成合格的单位建筑安装产品所需要消耗的人工数量。它通常以劳动时间（工日或工时）来表示。劳动定额是施工定额的主要内容，主要表示生产效率的高低、劳动力的合理运用、劳动力和产品的关系以及劳动力的配备情况。人工定额的主要内容见表6-4。

表6-4　　　　　　　　某挖土方工程人工定额组价

定额编号	定额项目名称	定额单位	数量	单价/元				合价/元			
				人工费	材料费	机械费	管理费和利润	人工费	材料费	机械费	管理费和利润
1-89	反铲挖掘机挖、自卸汽车运土方（运距）5km以内	1000m³	0.001	510	0	18 280.42	187.62	0.53	0	19.08	0.2
1-7R×2	人工挖土方普通土（深度）2m以内人工×2（人工含量已修改）	100m³	0.001	5441.7	0	0	2001.9	5.68	0	0	2.09
人工单价		小计						6.21	0	19.08	2.29
综合工日：85元/工日		未计价材料费						0			

三、材料消耗定额

在节约合理地使用材料的条件下，完成合格的单位建筑安装产品所必需消耗的材料数量。主要用于计算各种材料的用量，其计量单位为千克、米等。材料消耗定额的主要内容见表6-5。

表6-5 某混凝土工程材料消耗定额组价

定额编号	定额项目名称	定额单位	数量	单价/元				合价/元			
				人工费	材料费	机械费	管理费和利润	人工费	材料费	机械费	管理费和利润
补充材料002	商品砼C30	m³	1.015	0	405	0	0	0	411.08	0	0
4-122	捣固养护基础（基础梁）	10m³	0.1	264.35	28.71	8.42	97.25	26.44	2.87	0.84	9.73
人工单价			小计					26.44	413.95	0.84	9.73
综合工日：85元/工日			未计价材料费					0			

四、机械台班使用定额

机械台班使用定额分为机械时间定额和机械产量定额两种。在正确的施工组织与合理地使用机械设备的条件下，施工机械完成合格的单位产品所需的时间，为机械时间定额，其计量单位通常以台班或台时来表示。在单位时间内，施工机械完成合格的产品数量则称为机械产量定额。机械台班使用定额的主要内容见表6-6。

表6-6 某基础工程机械台班定额组价

定额编号	定额项目名称	定额单位	数量	单价/元				合价/元			
				人工费	材料费	机械费	管理费和利润	人工费	材料费	机械费	管理费和利润
1-4	原土打夯、碾压、原土打夯	100m²	0.01	120.7	0	16.07	44.4	1.21	0	0.16	0.44

定额编号	定额项目名称	定额单位	数量	单价/元				合价/元			
				人工费	材料费	机械费	管理费和利润	人工费	材料费	机械费	管理费和利润
借1-305	砂垫层	10m³	0.05	396.1	789.05	4.59	145.72	19.81	39.45	0.23	7.29
借1-313	砾（碎）石垫层灌浆	10m³	0.033	835.55	1361.21	35.67	307.39	27.57	44.92	1.18	10.14
补充材料005	商品砼C15	m³	0.060 9	0	375	0	0	0	22.84	0	0
人工单价	小计							48.59	107.21	1.57	17.87
综合工日85元/工日	未计价材料费							0			

第 七 章

提升技能之建筑工程预结算书
编制与审核

第一节 建筑工程施工图预算书的编制

一、编制依据与内容

（1）编制依据。编制依据的具体内容见表 7-1。

表 7-1   建筑工程施工图预算书的编制依据

名称	内容
设计资料	设计资料是编制概预算的主要工作对象，包括经过审定的施工图样、有关标准图集。它完整地反映了工程的具体内容，各分部、分项工程的做法、结构尺寸及施工方法，是编制施工图预算的重要依据
现行预算定额、参考价目表及费用定额及计价程序	现行预算定额、参考价目表、费用定额及计价程序，是确定分部、分项工程数量，计算直接费及工程造价，编制施工图预算的主要资料
施工组织设计或施工方案	施工组织设计资料或施工方案是编制施工图预算必需的资料，如土石方开挖时，人工挖土还是机械挖土，放坡还是支挡土板，土方运输的方式及运输距离，垂直运输机械的选型等。这些资料在工程量计算、定额项目的套用等方面都起着重要作用
工程合同或协议	施工企业同建设单位签订的工程承包合同是双方必须遵守的文件，其中有关条款是编制施工图预算的依据

名称	内　容
预算工作手册	在编制预算过程中，经常用到各种结构件面积、体积的计算公式，钢材、木材等各种材料的规格型号及用量数据，特殊断面、结构件工程量的速算方法，金属材料重量表等。为提高工作效率，简化计算过程，概预算人员可直接查用上述资料。为方便使用，通常将这些资料汇编成册，称为预算工作手册

（2）编制内容。单位工程施工图预算必须给出该单位工程的各分部分项工程的名称、定额编号、工程量、单价及合价，给出单位工程的直接费、间接费、利润、税金及其他费用。此外，还应有工料分析和补充单价分析等内容。

1）封面。主要填写业主单位名称、工程名称、建筑面积、工程结构、层数、檐高、工程总造价、单方造价、编制单位名称、编制人员及其证章、审核人员及其证章、编制单位盖章、编制日期等内容。

2）编制说明。编制说明主要是文字说明，内容包括工程概况、编制依据、范围，有关未定事项、遗留事项的处理方法，特殊项目的计算措施，在预算书表格中无法反映出来的问题以及其他必须说明的情况等。

编写编制说明的目的，是为了使他人能更好地了解预算书的全貌及编制过程，以弥补数字不能显示的问题。

3）工程造价计算总表。工程造价计算总表是按照工程造价计算栏序计算的，内容包括企业定额合计、施工措施费（包括施工技术措施费、施工组织措施费）、差价、专项费用利润、税金等，最终构成工程造价。

4）施工措施费分项表。施工措施费包括施工技术措施费和施工组织措施费两大部分，每一部分又由若干项费用组成。在施工措施费分项表中，应填写各项的费用数额。

a. 施工技术措施费包括脚手架、钢筋混凝土中的模板、垂直运输费、超高费、大型机械场外运输及安拆费等费用，承包商可参照企业定额的相关子目，结合工程情况、施工方案、承包商的技术装备等因素自主报价，其中，脚手架和模板也可以采用项目综合报价。

b. 施工组织措施费包括材料二次搬运费、远途施工增加费、缩短工期增加费、安全文明施工增加费、总承包管理责、其他费用等。承包商可根据工程情况、施工方案、市场因素等，在确保工程质量、合理工期和不低于成本的前提下，参照文件规定的计算方法自主浮动报价。

5）差价计算表。差价计算表包括人工费差价、材料费差价、机械费差价等。

6）工程预算表。根据工程量计算表提供的分项工程量，套用相应企业定额，计算各分项企业定额合计数。还包括材料的量差调整、计价价值的计算等。

7）工程量计算表。根据施工图，工程量计算规则、企业定额总说明、分部说明及有关资料，按企业定额分部分项的要求计算各分项工程量的数量大小。

8）材料分析、汇总表。

a. 单位工程企业定额材料用量分析表、汇总表。根据工程量计算表提供的各分项工程量和企业定额项目表中各主要材料的相应子目含量，分别计算出各分项主要材料企业定额用量，然后进行分页汇总合计，最后再将各页合计数进行汇总，填制汇总表。

b. 单位工程施工图材料用量分析表、汇总表。根据施工图标示的尺寸、数量品种规格，分别计算全套施工图中各构件的各主要材料的施工图净用量，然后进行汇总得出施工图净总用量，再乘以企业定额规定的损耗率，得出施工图总耗用量。

经验指导：以上所述1）～6）项为单位工程预算书的全部提交内容，7）项和8）项为预算编制方的内部存档备查资料。

二、编制程序与方法

1. 建筑工程施工图预算的编制程序

施工图预算的编制一般应在施工图纸技术交底之后进行，其编制程序如图 7-1 所示。

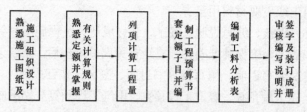

图 7-1　施工图预算的编制程序

（1）熟悉施工图纸及施工组织设计。在编制施工图预算之前，必须熟悉施工图纸，尽可能详细地掌握施工图纸和有关设计资料，熟悉施工组织设计和现场情况，了解施工方法、工序、操作及施工组织、进度。

（2）熟悉定额并掌握有关计算规则。建筑工程预算定额有关工程量计算的规则、规定等，是正确使用定额计算定额"三量"的重要依据。因此，在编制施工图预算计算工程量之前，必须清楚定额所列项目包括的内容、使用范围、计量单位及工程量的计算规则等，以便为工程项目的准确列项、计算、套用定额做好准备。

（3）列项、计算工程量。施工图预算的工程量，具有特定的含义，不同于施工现场的实物量。工程量往往要综合，包括多种工序的实物量。工程量的计算应以施工图及设计文件参照预算定额计算工程量的有关规定列项、计算。

工程量是确定工程造价的基础数据，计算要符合有关规定。工程量的计算要认真、仔细，既不重复计算，又不漏项。计算底稿要清楚、整齐，便于复查。

（4）套定额子目，编制工程预算书。将工程量计算底稿中的预算项目、数量填入工程预算表中，套相应定额子目，计算工程直接费，按有关规定计取其他直接费、现场管理费等，汇总求出工程直接费。

（5）编制工科分析表。将各项目工料用量求出汇总后，即可求出用工或主要材料用量。

（6）审核、编写说明、签字、装订成册。工程施工预算书计算完毕后，为确保其准确性，应经有关人员审核后，结合工程及编制情况编写说明、填写预算书封面、签字、装订成册。

土建工程预算、暖卫工程预算、电气工程预算分别编制完成后，由施工企业预算合同部集中汇总送建设单位签字、盖章、审核，然后才能确定其合法性。

2. 建筑工程施工图预算的编制方法

施工图预算的编制方法有单价法、实物法两种。

（1）单价法编制施工图预算。单价法编制施工图预算，是指用事先编制的各分项工程单位估价表来编制施工图预算的方法。用根据施工图计算出的各分项工程的工程量，乘以单位估价表中相应单价，汇总相加得到单位工程的直接费；再加上按规定程序计算出来的措施费、间接费、利润和税金，即得到单位工程施工图预算价格。单价法编制施工图预算的步骤如图 7-2 所示。

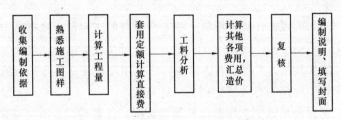

图 7-2　单价法编制施工图预算的步骤

具体步骤见表 7-2。

表 7–2　　　　　　　　　　　　**具体步骤**

名　称	内　容
收集编制依据和资料	主要有施工图设计文件、施工组织设计、材料预算价格、预算定额、单位估价表、间接费定额、工程承包合同、预算工作手册等
熟悉施工图等资料	只有全面熟悉施工图设计文件、预算定额、施工组织设计等资料，才能在预算人员头脑中形成工程全貌，以便加快工程量计算的速度和正确选套定额
计算工程量	正确计算工程量是编制施工图预算的基础。在整个编制工作中，许多工作时间是消耗在工作量计算阶段内，而且工程项目划分是否齐全，工程量计算的正确与否将直接影响预算的编制质量及速度

计算工程量一般按以下步骤进行：

1）划分计算项目：要严格按照施工图示的工程内容和预算定额的项目，确定计算分部、分项工程项目的工程量，为防止丢项、漏项，在确定项目时应将工程划分为若干个分部工程，在各分部工程的基础上再按照定额项目划分各分项工程项目。

另外，有的项目在建筑图及结构图中都未曾表示，但预算定额中单独排列了项目，如脚手架。对于定额中缺项的项目要做补充，计量单位应与预算定额一致。

2）计算工程量：根据一定的计算顺序和计算规则，按照施工图示尺寸及有关数据进行工程量计算。工程量单位应与定额计量单位一致。

a. 套用定额计算直接费。工程量计算完毕并核对无误后，用工程量套用单位估价表中相应的定额基价，相乘后汇总相加，便得到单位工程直接费。

计算直接费的步骤。

第一，正确选套定额项目。

一是当所计算项目的工作内容与预算定额一致，或虽不一致，但规定不可以换算时，直接套相应定额项目单价。

二是当所计算项目的工作内容与预算定额不完全一致，而且定额规定允许换算时，应首先进行定额换算，然后套用换算后的定额单价。

三是当设计图样中的项目在定额中缺项，没有相应定额项目可套时，应编制补充定额，作为一次性定额纳入预算文件。

第二，填列分项工程单价。

第三，计算分项工程直接费：分项工程直接费主要包括人工费、材料费和机械费。

$$分项工程直接费=预算定额单价×分项工程量$$

其中

$$人工费=定额人工费单价×分项工程量$$
$$材料费=定额材料费单价×分项工程量$$
$$机械费=定额机械费单价×分项工程量$$

单位工程直接（工程）费为各分部分项工程直接费之和。

$$单位工程直接（工程）费=\sum 各分部分项工程直接费$$

b. 编制工料分析表。根据各分部分项工程的实物工程量及相应定额项目所列的人工、材料数量，计算出各分部分项工程所需的人工及材料数量，相加汇总即得到该单位工程所需的人工、材料的数量。

c. 计算其他各项费用并汇总造价。按照建筑安装单位工程造价构成的规定费用项目、费率及计算基础，分别计算出措施费、间接费、利润和税金，并汇总单位工程造价。

$$单位工程造价=单位工程直接工程费+措施费+$$
$$间接费+利润+税金$$

d. 复核。单位工程预算编制完成后，有关人员对单位工程预算进行复核，以便及时发现差错，提高预算质量。复核时应对工程量计算公式和结果、套用定额基价、各项费用计取时的费率、计算基础、计算结果、人工和材料预算价格等方面进行全面复核检查。

e. 编制说明、填写封面。编制说明包括编制依据、工程性质、内容范围、设计图样情况、所用预算定额情况、套用单价或补充单位估价表方面的情况，以及其他需要说明的问题。封面应写明工程名称、工程编号、建筑面积、预算总造价及单方造价、编制单位名称及负责人、编制日期等。

单价法具有计算简单、工作量小、编制速度快、便于有关主管部门管理等优点。但由于采用事先编制的单位估价表，其价格只能反映某个时期的价格水平。在市场价格波动较大的情况下，单价法计算的结果往往会偏离实际价格，虽然采用价差调整的方法来调整价格，由于价差调整滞后，造成不能及时准确确定工程造价。

（2）实物法编制施工图预算。实物法是先根据施工图计算出的各分项工程的工程量，然后套用预算定额或实物量定额中的人工、材料、机械台班消耗量，再分别乘以现行的人工、材料、机械台班的实际单价，得出单位工程的人工费、材料费、机械费，并汇总求和，得出直接工程费，再加上按规定程序计算出来的措施费、间接费、利润和税金。即得到单位工程施工图预算价格。实物法编制施工图预算的步骤如图 7-3 所示。

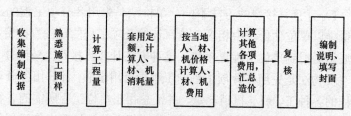

图 7-3　实物法编制施工图预算的步骤

由图 7-3 可以看出，实物法与单价法的不同主要是中间的两个步骤，具体分析如下：

1）工程量计算后，套用相应定额的人工、材料、机械台班用量。定额中的人工、材料、机械台班标准反映一定时期的施工工艺水平,是相对稳定不变的。

计算出各分项工程人工、材料、机械台班消耗量并汇总单位工程所需各类人工工日、材料和机械台班的消耗量。

分项工程的人工消耗量=工程量×定额人工消耗量

分项工程的材料消耗量=工程量×定额材料消耗量

分项工程的机械消耗量=工程量×定额机械消耗量

2)用现行的各类人工、材料、机械台班的实际单价分别乘以人工、材料、机械台班消耗量,并汇总得出单位工程的人工费、材料费、机械费。

在市场经济条件下,人工、材料和机械台班单价是随市场变化而变化的,而且是影响工程造价最活跃、最主要的因素。用实物法编制施工图预算,采用工程所在地当时的人工、材料、机械台班价格,反映实际价格水平,工程造价准确性高。虽然计算过程较单价法烦琐,但使用计算机计算速度也较快。因此实物法是适应市场经济体制的,正因为如此,我国大部分地区采用这种方法编制工程预算。

(3)实物法与单价法的区别。实物法与单价法的区别主要有以下三个方面:

1)计算直接费的方法不同。单价法是先用各分项工程的工程量乘以单位估价表中相应单价,计算分项工程的定额直接费,经汇总后得到单位工程直接费。这种方法计算直接费比较简便。

实物法是先用各分项工程的工程量套用定额,计算出各分项工程的各种工、料、机消耗量,并汇总得出单位工程所需的各种工、料、机消耗量,然后乘以工、料、机单价,计算出该工程的直接费。由于工程中所使用的工种多、材料品种规格杂、机械型号多,所以计算单位工程使用的工、料、机消耗量比较烦琐,加上市场经济条件下单价经常变化,需要搜集相应的实际价格,编制工作量有所增加。

2)进行工料分析的目的不同。单价法是在直接费计算后进行工料分析，即计算单位工程所需的工、料、机消耗量，目的是为价差调整提供资料。

实物法是在直接费计算之前进行工料分析的，目的是计算单位工程直接费。

3）计算直接费时所用价格不同。单价法计算直接费时用单位估价表中的价格，该价格是根据某一时期市场上人、材、机价格计算确定的，与工程实际价格不符。计算工程造价时需进行价差调整。实物法计算直接费时采用的就是市场价格，计算工程造价不需要进行差价调整。

第二节　建筑工程施工图预算书的审核

一、审核内容

单位工程施工图预算所确定的工程造价是由直接费、间接费、利润和税金四个部分的费用构成的。直接费是构成工程造价的主要因素，又是计取其他费用的基础，是施工图预算审查的重点。在预算中，工程量的大小与直接费的多少成正比，审查直接费的重点就是审查工程量。

1. 工程量的审查

工程量的审查要根据设计图纸和工程量计算规则，对已计算出来的工程进行逐项审查或抽查。如发现重算、漏算和错算了的工程量应予以更正。

审查工程量的前提是必须熟悉预算定额及工程量计算规则，在实际工作中，几个方面的规则是经常算错的，具体如下：

（1）土石方工程如需采取放坡等措施，应审查是否符合土质情况，是否按规定计算。

（2）墙基与墙身的分界线，要与计算规则相符。不能在计算砖墙身时以室内地坪为分界线，而计算砖基础时又以室外地坪为分界线。

（3）在墙体计算过程中，应扣除的部分是否扣除了。

（4）现浇钢筋混凝土框架结构的构件划分，要以工程量计算规则为准，应列入柱内的不能列入梁内，应算有梁板的不能梁板分开计算。

（5）门窗面积应以框外围面积计算，不能算门窗洞口面积。

2. 直接费的审查

（1）审查定额单价（基价）。

1）套用单价的审查。预算表中所列项目名称、种类、规格、计量单位，与预算定额或单位估价表中所列的工程内容和项目内容是否一致，防止错套。

2）换算单价的审查。对换算定额或单位估价表规定不予换算的部分，不能强调工程特殊或其他原因随意换算。对定额规定允许换算的部分，要识查其换算依据和换算方法是否符合规定。

3）补充单价的审查。对于定额缺项的补充单价，应审查其工料数量。这些数量是根据实测数据，还是估算或参考有关定额确定的，是否按定额规定做了正确的补充。

（2）材料预算价格的审查。各地区一般都使用结过审批的地区统一材料预算价格，这无须再查。如果个别特殊建设项目使用的是临时编制的材料预算价格，则必须进行详细审查。材料预算价格一般由材料原料、供销部门手续费、运杂费、包装费和采购保险费等五种因素组成，应逐项进行审查。不过，材料原价和运杂费是主要组成因素，应重点进行审查。

3. 各项费用标准的审查

各项费用是指除按预算定额或单位估价表计算的直接费外的其他各项费用，包括间接费、利润等。这些费用是根据"间接费定额"和相关规定，按照不同企业等级、工程类型、计费基础和费率分别计算的。审查各项费用时，应对所列费用项目、计费基础、计算方法和规定的费率，逐项进行审查核对，以防错算。

4. 计算技术性的审查

一个单位工程施工图预算，从计算工程量到算出工程造价，涉及大量的数据。在计算过程中，很可能发生计算技术性差错，特别是小数点位置的差错时有发生。如果发生计算技术性错误，即使是计算依据和计算方法完全正确，也无济于事。因此，数据计算正确与否，也应认真复核，不可忽视。

二、审核方法

审查施工图预算的方法较多，主要有全面审查法、标准预算审查法、分组计算审查法、对比审查法、筛选审查法、重点抽查法、利用手册审查法和分解对比审查法等几种。

1. 全面审查法

全面审查法就是按预算定额顺序或施工的先后顺序，逐一地对全部预算进行审查的方法。其具体计算方法和审查过程与编制施工图预算基本相同。此方法的优点是全面、细致，经审查的工程预算差错较少，质量比较高。缺点是工作量大。对于一些工程量比较小、工艺比较简单的工程，编制工程预算的技术力量又比较薄弱时，可采用全面审查法。

2. 标准预算审查法

对于利用标准图纸或通用图纸施工的工程，先集中力量，编制标准预算，以此为标准审查预算的方法。按标准图纸设计或通用图纸施工的工程一般上部结构和做法相同，可集中力量细审一份预算或编制一份预算，作为这种标准图纸的工程量标准，对照审查，而对局部不同的部分做单独审查即可。

3. 分组计算审查法

分组计算审查法是一种加快审查工程速度的方法，把预算中的项目划分为若干组，并把相邻且有一定内在联系的项目编为一组，审查或计算同一组中某个分项工程量，利用工程量间具有相同或相似计算基础的关系，判断同组中其他几个分项工程量计算的准确程度的方法。

4. 对比审查法

用已建工程的预算或虽未建成但已审查修正的工程预算对比审查拟建的类似工程预算的一种方法。对比审查法一般有以下几种情况，应根据工程的不同条件，区别对待。

（1）两个工程采用同一个施工图，但基础部分和现场条件不同。其新建工程基础以上部分可采用对比审查法；不同部分可分别采用相应的审查方法进行审查。

（2）两个工程设计相同，但建筑面积不同。根据两个工程建筑面积之比与两个工程分部分项工程量之比基本一致的特点，可审查新建工程各分部分项工程量，进行对比审查，如果基本相同，说明新建工程预算是正确的；反之，说明新建工程预算有问题，找出差错原因，并加以更正。

（3）两个工程的面积相同，但设计图纸不完全相同时，可把相同的部分，如厂房中的柱子、房架、屋面、砖墙等，进行工程量的对比审查，不能对比的分部分项工程按图纸计算。

5. 筛选审查法

筛选审查法是统筹法的一种，又是一种对比方法。建筑工程虽然有建筑面积高度的不同，但是它们的各个分部分项工程的工程量、造价、用工量在每个单位面积上的数值变化不大，我们把这些数据加以汇集、优选、归纳为工程量、造价、用工三个单方基本值表，并注明其适用的建筑标准。

这些基本值犹如"筛子孔"用来筛选分部分项工程量，筛选下去的就不审查了，没有筛选下去的就意味着此分部分项的单位建筑面积数值不在基本值范围之内，应对该分部分项工程详细审查。当所审查的预算的建筑面积标准与"基本值"所适用的标准不同时，就要对其进行调整。

6. 重点抽查法

重点抽查法是抓住工程预算中的重点进行审查的方法。审查的重点一般是：工程量大或造价较高、工程结构复杂的工程，补充单位估价表，计取各项费用（计费基础、取费标准等）。

7. 利用手册审查法

利用手册审查法是把工程中常用的构件、配件事先整理成预算手册，按手册对照审查的方法。如工程常用的预制构配件 1 洗池、大便台、检查井、化粪池等，几乎每个工程都有，把这些按标准图集计算出工程量，套上单价，编制成预算手册使用，可简化预结算的编审工作。

第三节　建筑工程竣工结算书的编制

一、竣工结算与施工图预算的区别

以施工图预算为基础编制竣工结算时，在项目划分、工程量计算规则、定额使用、费用计算规定、表格形式等方面都是相同的。其不同方面包括如下：

（1）施工图预算在工程开工前编制，而竣工结算在工程竣工后编制。

（2）施工图预算依据施工图编制，而竣工结算依据竣工图编制。

（3）施工图预算一般不考虑施工中的意外情况，而竣工结算则会根据施工合同规定增加一些施工过程中发生的签证（如停水、停电、停工待料、施工条件变化等）费用。

（4）施工图预算要求的内容较全面，而竣工结算以货币计量为主。

二、定额计价模式竣工结算的编制方法

1. 竣工结算增减变化

竣工结算的编制大体与施工图预算的编制相同，但竣工结算

更加注意反映工程实施中的增减变化，反映工程竣工后实际经济效果。工程实践中，增减变化主要集中在以下几个方面：

（1）工程量量差。工程量量差是指按照施工图计算出来的工程数量与实际施工时的工程数量不符而发生的差额。造成量差的主要原因有施工图预算错误、设计变更与设计漏项、现场签证等。

（2）材料价差。材料价差是指合同规定的开工至竣工期内，因材料价格变动而发生的价差。一般分为主材的价格调整和辅材的价格调整。主材价格调整主要是依据行业主管部门、行业权威部门发布的材料信息价格或双方约定认同的市场价格的材料预算价格或定额规定的材料预算价格进行调整，一般采用单项调整。辅材价格调整主要是按照有关部门发布的地方材料基价调整系数进行调整。

（3）费用调整。费用调整主要有两种情况，一种是从量调整，另一种是政策调整。因为费用（包括间接费、利润、税金）是以直接费（或人工费，或人工费和机械费）为基础进行计取的，工程量的变化必然影响到费用的变化，这就是从量调整。在施工期间，国家可能有费用政策变化出台，这种政策变化一般是要调整的，这就是政策调整。

（4）其他调整。如有无索赔事项，施工企业使用建设单位水电费用的扣除等。

2. 定额计价模式下的竣工结算

定额计价模式下竣工结算的编制格式大致可分为以下三种：

（1）增减账法。竣工结算的一般公式为

$$竣工结算价=合同价+变更+索赔+奖罚+签证$$

以中标价格或施工图预算为基础，对增减变化部分进行工程结算，操作步骤如下：

1）收集竣工结算的原始资料，并与竣工工程进行观察和对照。结算的原始资料是编制竣工结算的依据，必须收集齐全。在熟悉时要深入细致，并进行必要的归纳整理，一般按分部分项工程的顺序进行。根据原有施工图纸、结算的原始资料，对竣工工程进行观察和对照，必要时应进行实际丈量和计算，并做好记录。如果工程的做法与原设计施工要求有出入，也应做好记录。在编制竣工结算时，要本着实事求是的原则，对这些有出入的部分进行调整（调整的前提是取得相应的签证资料）。

2）计算增减工程量，依据合同约定的工程计价依据（预算定额）套用每项工程的预算价格。合同价格（中标价）或经过审定的原施工图预算基本不再变动，作为结算的基础依据。根据原始资料和对竣工工程进行观察的结果，计算增加和减少的原合同约定工作内容或施工图外工程量，这些增加或减少的工程量或是由于设计变更和设计修改而造成的，或是其他原因造成的现场签证项目等。套用定额子目的具体要求与编制施工图预算定额相同，要求准确合理。

3）调整材料价差。根据合同约定的方式，按照材料价格签证、地方材料基价调整系数调整材差。

4）计算工程费用。

a. 集中计算费用法，其步骤如下：

第一，计算原有施工图预算的直接费用。

第二，计算增加或减少工程部分的直接费。

竣工结算的直接费用等于上述第一、第二的合计。

第三，以此为基准，再按合同规定取费标准分别计取间接费、利润、税金，计算出工程的全部税费，求出工程的最后实际造价。

b. 分别取费法。主要适合于工程的变更、签证较少的项目，其步骤如下：

第一，将施工图预算与变更、签更等增减部分合计计算直接费。

第二，按取费标准计取用间接费、利润、税金，汇总合计，即得出了竣工工程结算最终工程造价。

目前竣工结算的编制基本已实现了电算化，计算机套价已基本普及，编制时可根据工程特点和实际需要自行选择以上方式之一或双方约定其他方式，比较容易。

5）如果有索赔与奖罚、优惠等事项也要并入结算。

（2）竣工图重算法。竣工图重算法是以重新绘制的竣工图为依据进行工程结算。竣工图是工程交付使用时的实样图。

1）竣工图的内容。

a. 工程总体布置图、位置图，地形图并附竖向布置图。

b. 建设用地范围内的各种地下管线工程综合平面图（要求注明平面、高程、走向、断面，跟外部管线衔接关系，复杂交叉处应有局部剖面图等）。

c. 各土建专业和有关专业的设计总说明书。

d. 建筑专业的内容包括如下：

一是设计说明书；

二是总平面图（包括道路、绿化）；

三是房间做法名称表；

四是各层平面图（包括设备层及屋顶、人防图）；

五是立面图、剖面图、较复杂的构件大样图；

六是楼梯间、电梯间、电梯井道剖面图、电梯机房平、剖面图；

七是地下部分的防水防潮、屋面防水、外墙板缝的防水及变形缝等的做法大样图；

八是防火、抗震（包括隔震）、防辐射、防电磁干扰以及三废治理等图纸。

e. 结构专业的内容包括如下：

一是设计说明书；

二是基础平、剖面图；

三是地下部分各层墙、柱、梁、板平面图、剖面图以及板柱节点大样图；

四是地上部分各层墙、柱、梁、板平面图、大样图，及预制梁、柱节点大样图；

五是楼梯剖面大样图，电梯井道平、剖面图，墙板连接大样图；

六是钢结构平、剖面图及节点大样图；

七是重要构筑物的平、剖面图。

f. 其他专业。

2）对竣工图的要求如下：

a. 工程竣工后应及时整理竣工图纸，凡结构形式改变、工程改变、平面布置改变、项目改变以及其他重大改变，或者在原图纸上修改部分超过 40%，或者修改后图面混乱不清的个别图纸，需要重新绘制，并对结构件和门窗重新编号。

b. 凡在施工中按施工图没有变更的，在原施工图上加盖竣工图标志后可作为竣工图。

c. 对于工程变化不大的，不用重新绘制，可在施工图上变更处分别标明，无重大变更的将修改内容如实地改绘在蓝图上，竣工图标记应具有明显的"竣工图"字样，并有编制单位名称、制图人、审核人和编制日期等基本内容。

d. 变更设计洽商记录的内容必须如实地反映到设计图上，如在图上反映确有困难，则必须在图中相应部分用文字加以说明（见洽商××号），标注有关变更设计洽商记录的编号，并附上该洽商记录的复印件。

e. 竣工图应完整无缺，分系统（基础、结构、建筑、设备）装订，内容清晰。

f. 绘制施工图必须采用不褪色的绘图墨水进行，文字材料不得用复写纸、一般圆珠笔和铅笔等。

（3）包干法。常用的包干法包括施工图预算加系数包干法和建筑面积平方米造价包干法。

1）施工图预算加系数包干法。施工图预算加系数包干法是事先由甲乙双方共同商定包干范围，按施工图预算加上一定的包干系数作为承包基数,实行一次包死。如果发生包干范围以外的增加项目,如增加建筑面积,提高原设计标准或改变工程结构等,必须由双方协商同意后方可变更,并随时填写工程变更结算单,经双方签证作为结算工程价款的依据,实际施工中未发生超过包干范围的事项,结算不做调整。采用包干法时,合同中一定要约定包干系数的包干范围,常见的包干范围一般包括以下内容:

a. 正常的社会停水、停电,即每月一天以内(含一天,不含正常节假日、双休日)的停窝人工、机械损失。

b. 在合理的范围内钢材每米实际重量与理论重量在±5‰内的差异所造成的损失。

c. 由施工企业负责采购的材料,因规格品种不全发生代用(五大材除外)或因采购、运输数量亏损、价格上扬而造成的量差和价差损失。

d. 甲乙双方签订合同后,施工期间因材料价格频繁变动而当地造价管理部门尚未及时下达政策性调整规定所造成的差价损失。

e. 施工企业根据施工规范及合同的工期要求或为局部赶工自行安排夜间施工所增加的费用。

f. 在不扩大建筑面积、不提高设计标准、不改变结构形式,不变更使用用途、不提高装修档次的前提下,确因实际需要而发生的门窗移位、墙壁开洞、个别小修小改及较为简单的基础处理等设计变更所引起的小量赶工费用(额度双方约定)。

g. 其他双方约定的情形。

2)建筑面积平方米包干法。由于住宅工程的平方米造价相对固定、透明,一般住宅工程较适合按建筑面积平方米包干结算。实际操作方法是:建设单位双方根据工程资料,事先协商好包干平方米造价,并按建筑面积计算出总造价。计算公式为

$$工程总造价=总建筑面积×约定平方米造价$$

合同中应明确注明平方米造价与工程总造价,在工程竣工结算时一般不再办理增减调整。除非合同约定可以调整的范围,并发生在包干范围之外的事项,结算时仍可以调整增减造价。

三、工程量清单计价模式下竣工结算的编制方法

从总体来看,在工程量清单计价模式下,竣工结算的编制方法和传统定额计价结算的大框架相似,相对而言,清单计价更明了,在变更发生时就知道对造价的影响。

1. 增减账法

一般中小型的民用项目结构简单、施工图纸清晰齐全、施工周期短的工程,一般可采用的计算公式为

工程结算价=中标价+变更+索赔+奖罚+签证

增减账法以招标时工程量清单位报价为基础,加增减变化部分进行工程结算。

但对工程量大、结构复杂、工作时间紧的项目,宜采用的计算公式为

工程结算价=中标价+变更+工程量量差超过±3%~5%
的数量(双方合同中具体约定超过量)×
中标综合单价+政策性的人工、机械费
调整+允许按实调的暂定价+索赔+
奖罚+签证

如采用可调价格合同形式,合同约定中标综合单价可调整的条件(如分项工程量增减超过 15%),遇到相应条件时综合单价也可做调整。

2. 竣工图重算法

竣工图重算法是以重新绘制的竣工图为依据进行工程结算,工程结算编制的方法同工程量清单报价的方法,所不同的是依据的图纸由施工图变为竣工图。

第四节　影响工程造价的因素

一、工程质量与造价

1. 质量对造价的影响

质量是指项目交付后能够满足业主或客户需求的功能特性与指标。一个项目的实现过程就是该项目质量的形成过程，在这一过程中达到项目的质量要求，需要开展两项工作。一是质量的检验与保障工作，二是项目质量失败的补救工作。这两项工作都要消耗和占用资源，从而都会产生质量成本。

2. 工程造价与质量的管理问题

项目质量是构成项目价值的本原，所以任何项目质量的变动都会给工程造价带来影响并造成变化。同样，现有工程造价管理方法也没有全面考虑项目质量与造价的集成管理问题，实际上现有方法对于项目质量和造价的管理也是相互独立的和相互割裂的。另外，现有方法在造价信息管理方面也存在着项目质量变动对造价变动的影响信息与其他因素对造价的影响信息混淆的问题。

3. 如何控制工程质量

在施工阶段影响工程质量的因素很多，因此必须建立起有效的质量保证监督体系，认真贯彻检查各种规章制度的执行情况，及时检验质量目标和实际目标的一致性，确保工程质量达到预定的标准和等级要求。工程质量对整个工程建设的效益起着十分重要的作用，为降低工程造价，必须抓好工程施工阶段的工程质量。在建设施工阶段如何确保工程质量，使工程造价得到全面控制以达到降低造价、节约投资，提高经济效益的目的，必须抓好事前、事中、事后的质量控制。

（1）事前质量控制。事前质量控制的措施与具体内容见表 7–3。

表 7-3　　　　　　　　　　事前质量控制的措施与具体内容

措施	内　　容
人的控制	人是指参与工程施工的组织者和操作者，人的技术素质、业务素质、工作能力直接关系到工程质量的优劣，必须设立精干的项目组织机构和优选施工队伍
对原材料、构配件的质量控制	原材料、构配件是施工过程中必不可少的物质条件，材料的质量是工程质量的基础，原材料质量不合格就制造不出优质的工程，即工程质量也就不会合格，所以加强材料的质量控制是提高工程质量的前提条件。因此，除监理单位把关外，作为项目部也要设立专门的材料质量检查员，确保原材料的进场合格
编制科学合理的施工组织设计	编制科学合理的施工组织设计是确保工程质量及工程进度的重要保证。施工方案的科学、正确与否，是工程工期、质量目标能否顺利实现的关键。因此，确保优选施工方案在技术上先进可行，在经济上合理，有利于提高工程质量
对施工机械设备的控制	施工机械设备对工程的施工进程和质量安全均有直接影响，从保证项目施工质量角度出发，应着重从机械设备的选型，主要性能参数和操作要求三个方面予以控制
环境因素的控制	影响工程项目质量的环境因素很多，有工程地质、水文、气象等；工程管理环境，如质量保证体系、质量管理制度等；劳动环境，如劳动组合、劳动工具、工作面等。因此，应根据工程特点和具体条件，对影响工程质量的因素采取有效的控制

（2）事中控制。工程质量是靠人的劳动创造出来的，不是靠最后检验出来的，要坚持预防为主方针，便事故消灭在萌芽状态，应根据施工组织中确定的施工工序、质量监控点的要求严格质量控制，做到上道工序完工通过验收合格后方可下道工序的操作，重点部位隐蔽工程要实行旁站，同时要做好已完工序的保护工作，从而达到控制工程质量的目的。

（3）事后质量控制。严格执行国家颁布的有关工程项目质量验评标准和验收标准，进行质量评定和办理竣工验收和交接工作，并做好工程质量的回访工作。

二、工程工期与造价

1. 工期对造价的影响

工期是指项目或项目的某个阶段、某项具体活动所需要的，或者实际花费的工作时间周期。在一个项目的全过程中，实现活动所消耗或占用的资源发生以后就会形成项目的成本，这些成本不断地沉淀下来、累积起来，最终形成了项目的全部成本（工程造价），因此工程造价是时间的函数。由于在项目管理中，时间与工期是等价的概念，所以造价与工期是直接相关的，造价是随着工期的变化而变化的。

项目消耗或占用的各种资源都可以被看成是对资金的占用，因为这些资源消耗的价值最终都会通过项目的收益而获得补偿。因此，工程造价实际上可以被看成是在工程项目全生命周期中整个项目实现阶段所占用的资金。

对于资金的占用，不管占用的是自有资金还是银行贷款，都有其自身的时间价值。这种资金的时间价值最根本的表现形式就是占用银行贷款所应付的利息。资金的时间价值既是构成工程造价的主要科目之一，又是造成工程造价变动的根本原因之一。

一个工程建设项目在不同的基本建设阶段，其造价作用、计价办法也不尽相同。但是无论在哪个阶段，影响工程造价的因素除了人工工资水平、材料价格水平、机械费用以及费用标准外，对其影响较大的是工期，工期是计算投资的重要依据。

在工程建设过程中，要缩短工程工期必然要增加工程直接费用，如果要缩短工期，则要重新组织施工，加大劳动强度，加班加点，必然降低工效率，增加工程直接费用，而由于工期缩短却节省了工管理费。无故拖延工期，将增加人工费用以及机械租赁费用的开支，也会引起直接费用的增加，同时还增加管理人员费用的开支。工程及工程造价的关系曲线如图 7–4 所示。

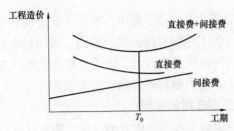

图 7-4　工期与工程造价关系线图

从图 7-4 中可以看出，工期在 T_0 点（理想工期）时，对应的工程投资最好。

2. 工程造价与工期的管理问题

在项目管理中，"时间（工期）就是金钱"，这是因为工程造价的发生时间、结算时间、占用时间等有关因素的变动都会给工程造价带来变动。但是现有造价管理方法并没有全面考虑项目工期与造价的集成管理问题，实际上现有方法对于项目工期与造价的管理是相互独立和相互割裂的。同时，现有方法无法将由于项目工期变动对造价的影响，和由于项目所耗资源数量及所耗资源价格变动的影响进行科学的区分，这些不同因素对项目造价变动的影响信息是混淆的。

3. 工期长短对造价的影响

缩短工程工期的作用：

（1）能使工程早日投产，从而提高经济效益。

（2）能使施工企业的管理费用、机械设备及周转材料的租赁费降低，从而降低建筑工程的施工费用。

（3）能减少施工资金的银行贷款利息，有利于施工企业降低造价成本。

因此，缩短工期、降低工程成本是提高施工企业的效益的重要途径。但也应该看到，不合理的缩短工期，也是不可取的，主要表现在以下几个方面：

（1）施工资金流向过于集中，不利于资金的合理流动。

（2）施工各工序间穿插困难，成品、半成品保护费用增加。

（3）合理的组织易被打乱，造成工程质量的控制困难，工程质量不易保证，进而返修率提高，成本加大。

4. 造成工期延期的原因

目前，在建设工程项目中普遍存在工期拖延的问题，造成这种现象的原因通常有以下几种情况：

（1）对工程的水文、地质等条件估计不足，造成施工组织中的措施无针对性，从而使工期推迟。

（2）施工合同的履行出现问题，主要表现为工程款不能及时到位等情况。

（3）工程变更、设计变更及材料供应等方面也是造成工期延误很重要的原因。

5. 缩短工期的措施

由于以上诸多因素的影响，要想合理的缩短工期，只有采取积极的措施，主要包括组织措施、技术措施、合同措施、经济措施和信息管理措施等，在实际工作中，应着重做好以下方面的工作：

（1）建立健全科学合理、分工明确的项目班子。

（2）做好施工组织设计工作。运用网络计划技术，合理安排各阶段的工作进度，最大限度地组织各项工作的同步交叉作业，抓关键线路，利用非关键线路的时差更好地调动人力、物力；向关键线路要工期，向非关键线路要节约，从而达到又快又好的目的。

（3）组织均衡施工。施工过程中要保持适当的工作面，以便合理地组织各工种在同一时间配合施工并连续作业，同时使施工机械发挥连续使用的效率。组织均衡施工能最大限度地提高工效和设备利用率，降低工程造价。

（4）确保工程款的资金供应。

（5）通过计划工期与实际工期的动态比较，及时纠偏，并定期向建设方提供进度报告。

三、工程索赔与造价

1. 工程索赔的依据与范围

（1）工程索赔的依据。工程索赔的依据是索赔工作成败的关键。有了完整的资料，索赔工作才能进行。因此，在施工过程中基础资料的收集积累和保管是很重要的，应分类、分时间进行保管。具体资料内容见表7-4。

表7-4　　　　　　　　　　工程索赔依据的内容

索赔依据	具　体　内　容
建设单位有关人员的口头指示	建设单位有关人员的口头指示包括建筑师、工程师和工地代表等的指示。建设单位有关人员每次来工地的口头指示和谈话以及与工程有关的事项都需做记录，并将记录内容以书面信件形式及时送交建设单位。如有不符之处，建设单位应以书面回信，七个工作日内不回信则表示同意
施工变更通知单	将每张工程施工变更通知单的执行情况做好记录。照片和文字应同时保存妥当，便于今后取用
来往文件和信件	有关工程的来信文件和信件必须分类编号，按时间先后顺序编排，保存妥当
会议记录	甲乙双方每次在施工现场召开的会议（包括建设单位与分包的会议）都须记录，会后由建设单位或施工企业整理签字印发。如果记录有不符之处，可以书面提出更正。会议记录可用来追查在施工过程中发生的某些事情的责任，提醒施工企业及早发现和注意问题
施工日志（备忘录）	施工中发生影响工期或工程付款的所有事项均须记录存档
工程验收记录（或验收单）	由建设单位驻工地工程师或工地代表签字归档
工人和干部出勤记录表	每日编表填写，由施工企业工地主管签字报送建设单位
材料、设备进场报表	凡是进入施工现场的材料和设备，均应及时将其数量、金额等数据送交建设单位驻工地代表，在月末收取工程价款（又称工程进度款）时，应同时收取到场材料和设备价款
工程施工进度表	开工前和施工中修改的工程进度表和有关的信件应同时保存，便于以后解决工程延误时间问题

索赔依据	具 体 内 容
工程照片	所有工程照片都应标明拍摄的日期，妥善保管
补充和增加的图纸	凡是建设单位发来的施工图纸资料等，均应盖上收到图纸资料等的日期印章

（2）工程索赔的范围。凡是根据施工图纸（含设计变更、技术核定或洽商）、施工方案以及工程合同、预算定额（含补充定额）、费用定额、预算价格、调价办法等有关文件和政策规定，允许进入施工图预算的全部内容及其费用，都不属于施工索赔的范围。

例如，图纸会审记录，材料代换通知等设计的补充内容，施工组织设计中与定额规定不符的内容，原预算的错误、漏项或缺项，国家关于预算标准的各项政策性调整等，都可以通过编制增减、补充、调整预算的正常途径来解决，均不在施工索赔之列。反之，凡是超出上述范围，因非施工责任导致乙方付出额外的代价损失，向甲方办理索赔（但采用系数包干方式的工程，属于合同包干系数所包含的内容，则无须再另行索赔）。

2. 索赔费用的计算

（1）可索赔的费用。可索赔的费用的具体内容包括如下：

1）人工费。包括增加工作内容的人工费、停工损失费和工作效率降低的损失费等累计费用，但不能简单地用计日工费计算。

2）设备费。可采用机械台班费、机械折旧费、设备租赁费等几种形式。

3）材料费。

4）保函手续费。工程延期时，保函手续费相应增加；反之，取消部分工程且发包人与承包人达成提前竣工协议时，承包人的保函金额相应折减，则计入合同价内的保函手续费也应相应扣减。

5）贷款利息。

6）保险费。

7）利润。

8）管理费。此项又可分为现场管理费和公司管理费两个部分，由于两者的计算方法不一样，所以在审核过程中应区别对待。

（2）索赔费用的计算。索赔费用的计算方法有实际费用法、修正总费用法等。

1）实际费用法。实际费用法是按照因索赔事件所引起损失的费用项目分别计算索赔值，然后将各费用项目的索赔值汇总，即可得到总索赔费用值。

2）修正总费用法。修正总费用法是对总费用法的改进，即在总费用计算的基础上，去掉一些不确定的可能因素，对总费用法进行相应的修改和调整，使其更加合理。

第 八 章

提升技能之建筑工程招投标

第一节　建筑工程项目招标概述

一、招投标的概念及相关程序

1. 招投标的概念

招投标是一种通过竞争，由发包单位从中优选承包单位的方式。而发包单位招揽承包单位去参与承包竞争的活动，称为招标。愿意承包该工程的施工单位根据招标要求去参与承包竞争的活动，称为投标。工程的发包方就是招标单位（业主），承包方就是投标单位。

建设工程招投标包括建设工程勘察设计招投标、建设工程监理招投标、建设工程施工招投标和建设工程物资采购招投标。根据《中华人民共和国招标投标法》规定，法定强制招标项目的范围有两类：

（1）法律明确规定必须进行招标的项目。

（2）依照其他法律或者国务院的规定必须进行招标的项目。

2. 工程招标投标程序

建设工程招标投标程序，是指建设工程招标投标活动按照一定的时间、空间顺序运作的次序、步骤、方式。它始于发布招标公告或发出投标邀请书，终于发出中标通知书，其间大致经历了招标、投标、评标、定标等几个主要阶段。

从招标人和投标人两个不同的角度来考察，可以更清晰地把握建设工程招标投标的全过程。

建设工程招投标程序一般分为三个以下阶段：

（1）招标准备阶段，从办理招标申请开始，到发出招标广告或邀请招标函为止的时间段。

（2）招标阶段，也是投标人的投标阶段，从发布招标广告之日起到投标截止之日的时间段。

（3）决标成交阶段，从开标之日起，到与中标人签订承包合同为止的时间段。

建筑工程招投标程序可以参见如图 8-1 所示内容。

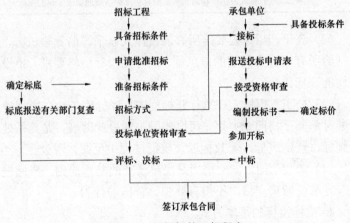

图 8-1　招投标的一般程序

二、招标投标的原则及方式

1. 招标投标的基本原则

根据《中华人民共和国招标投标法》规定，招标投标活动必须遵循公开、公平、公正和诚实信用的原则。

（1）公开。招标投标活动中所遵循的公开原则要求招标活动

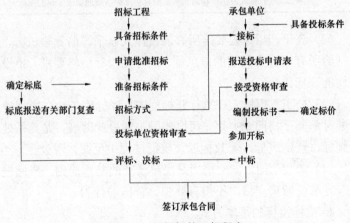

信息公开、开标活动公开、评标标准公开、定标结果公开，具体内容见表 8–1。

表 8–1　　　　　　　　　公开原则的内容

名称	内容
招标活动信息公开	招标人进行招标之始，就要将工程建设项目招标的有关信息在招标管理机构指定的媒介上发布，以同等的信息量晓喻潜在的投标人
开标活动公开	开标活动公开包括开标活动过程公开和开标程序公开两个方面
评标标准公开	评标标准应该在招标文件中载明，以便投标人做相应的准备，以证明自己是最合适的中标人
定标结果公开	招标人根据评标结果，经综合平衡，确定中标人后，应当向中标人发出中标通知书，同时将定标结果通知未中标的投标人

（2）公平。招标人要给所有的投标人以平等的竞争机会，这包括给所有投标人同等的信息量、同等的投标资格要求，不设倾向性的评标条件。

（3）公正。招标人在执行开标程序、评标委员会在执行评标标准时都要严格照章办事，尺度相同不能厚此薄彼，尤其是处理迟到标、判定废标、无效标以及质疑过程中更要体现公正。

（4）诚实信用。诚实信用是民事活动的基本原则，招标投标的双方都要诚实守信，不得有欺骗、背信的行为。

2. 招标投标的基本方式

（1）公开招标。由招标单位通过报纸或专业性刊物发布招标广告，公开招请承包商参加投标竞争，凡对之感兴趣的承包商都有均等的机会购买招标资料进行投标。

（2）有限招标。即由招标单位向经预先选择的、数目有限的承包商发出邀请，邀请他们参加某项工程的投标竞争。采用这种方式招标的优点是邀请的承包商大都有经验，信誉可靠；缺点是可能漏掉一些在技术上、报价上有竞争能力的后起之秀。

（3）两阶段招标。即公开招标与有限招标两种方式的结合。先公开招标，再从中选择报价低、信誉度较高的三四家单位进行第二阶段的报价，然后再由招标单位确定中标者。

（4）谈判招标。由业主（建设单位）指定有资格的承包者，提出估价，经业主审查，谈判认可，即签订承发包合同。如经谈判达不成协议，业主则另找一家企业进行谈判，直到达成协议，签订承发包合同。

第二节　工程造价在招投标中的作用

一、招投标工程中的工程造价形式

目前，招投标工程的工程造价基本上有两种形式。

（1）中标合同价包死，在投标报价中考虑一定的风险系数，在中标后签订合同，一次性包死。

（2）中标价加上设计变更、政策性调整作为结算价。

二、招投标过程报价的确定方法

一般来说，招标工程报价的确定方法主要有两种。

（1）估价法，这种方法常用，即依据设计图纸套用限行的定额及文件而计算出的造价。

（2）实物法，即依据图纸和定额计算出一个单位工程所需要的全部人工、材料、机械台班使用量乘以当地当时的市场价格。这种方法就是通常说的"量""价"分离。这种方法确定的工程造价基本贴近市场，趋于合理。

工程造价合理与否，直接影响到建设单位与施工单位的切身利益，因此，真实、合理、科学地反映工程造价是招投标工作十分重要的环节。

三、招投标阶段工程造价控制的意义

招投标阶段的工程造价控制，对于施工单位展开工程项目施工具有非常重要的意义。

1. 投标人资格审查是有效控制造价的前提

按照招标文件要求审查投标人资格是招标过程的一项重要工作，审查的目的是选择信誉好、管理水平高、技术力量雄厚、执行合同隐患少的投标人，以保证工程按期、保质地完成。

2. 投标人施工组织设计的评审是有效控制造价的基础

对投标人施工组织设计的评审包括施工方法、工艺流程、施工进度和布置、质量标准以及质量安全保证体系等，它体现了投标人的管理水平，是保证工期、质量、安全和环保的重要措施，是投标人编制投标报价的依据，同时也是有效控制工程造价的基础。

3. 投标报价评审是有效控制造价的关键

投标人结合施工组织设计的编制以及自身实际情况，同时分析投标竞争对手再编制投标报价。各投标人的投标报价由于各种原因，如采取不正当方式进行报价，给招标人带来一定的风险隐患，因此在招投标评审过程中，应结合投标人施工组织设计进行评审，避免不合理的投资。合理进行投标报价的评审和调整是有效控制工程造价的关键。

四、影响招标报价的主要因素

1. 施工图纸质量差

施工图纸作为拟建工程技术条件和工程量清单的编制依据，是工程技术质量和工程量清单准确率的保证。如果一味地追求总体进度，压缩设计阶段时间，从而造成施工图设计深度不到位、错漏缺项太多、建筑与结构及水电安装等不对应，导致项目实施阶段修改频繁，给整体工程造价控制带来很多隐患。

2. 工程量清单编制质量差

工程量清单是招标文件的重要部分，但由于编制人员水平高低不一，部分工程设计图纸的缺陷以及编制时间仓促等原因，存在着项目设置不规范、工程量清单特征和工程内容描述不清、项目漏项与缺项多、暂定项目过多、计量单位不符合要求、工程量计算误差大、项目编码不正确等问题，这些都将直接影响投标人的报价，导致在招投标完成后项目实施阶段与结算阶段工程造价的失控。

3. 招标过程过于简单化

部分建设单位为了节约成本，缩短招标时间，不编制工程量清单，直接采用以定额为依据、施工图为基础、标低为中心的计价模式和招标方式，其中最大的弊端是造成同一份施工图纸的工程报价相差较远，没有客观的评判标准，不便于评标、定标，进而在施工阶段更无法控制工程造价。

4. 合同签订不严谨导致变更签证多

施工合同是招标文件的重要组成内容，也是工积量清单招标模式下造价控制十分重要的一个环节。工程合同在制定过程应杜绝内容不详细、专用条款约定措辞不严谨、表达不清楚、操作不具体、专业知识缺乏、法律风险意识不强等问题，这些都严重影响工程实施与结算过程中管理与造价的控制。在合同的制定中，还要特别注意对工程量调整、价格调整、履约保证、工程变更、工程结算、合同争议解决方式等做出详尽的具体规定。工程索赔发生如何处理等均应在专用条款中详细明确。

对于控制工程造价来讲，建设项目的招投标阶段是非常重要的一个阶段。既要选择一个理想的施工单位，又要将承、发包双方的权利、责任、义务界定清楚，明确各类问题的解决处理办法，避免在施工过程中或结算时发生较大争议。所以，工程预算人员必须提高造价管理水平，为决策者提供可靠的依据。

建设单位必须优化投资方案，选择出技术能力强，信誉可靠的承包单位进行施工，对工程造价进行动态控制，以提高投资效益；施工单位必须优化施工方案，改进生产工艺，降低施工成本，创精品工程。只有以上相关各方采取综合措施，才能真正达到在招投标阶段降低工程成本，控制工程造价的目的。

第三节　建筑工程投标策略与方法

一、掌握全面的设计文件

招标人提供给投标人的工程量清单是按设计图纸及规范规则进行编制的，可能未进行图纸会审，在施工过程中难免会出现这样那样的问题，这就是设计变更，所以投标人在投标之前就要对施工图纸结合工程实际进行分析，了解清单项目在施工过程中发生变化的可能性，对于不变的报价要适中，对于有可能增加工程量的报价要偏高，有可能降低工程量的报价要偏低等，只有这样才能降低风险，获得最大的利润。

二、实地勘察施工现场

投标人应该在编制施工方案之前对施工现场进行勘察，对现场和周围环境，以及与此工程有关的可用资料进行了解和勘察。实地勘察施工现场主要从以下几个方面进行：

（1）现场的形状和性质，其中包括地表以下的条件。

（2）水文和气候条件。

（3）为工程施工和竣工，以及修补其任何缺陷所需的工作和材料的范围及性质。

（4）进入现场的手段，以及投标人需要的住宿条件等。

三、调查与拟建工程有关的环境

投标人不仅要勘察施工现场，在报价前还要详尽了解项目所在地的环境，包括政治形势、经济形势、法律法规和风俗习惯、自然条件、生产和生活条件等，各部分的内容见表8-2。

表 8-2   调查有关环境的内容

名称	内　容
对政治形势的调查	应着重工程所在地和投资方所在地的政治稳定性
对经济形势的调查	应着重了解工程所在地和投资方所在地的经济发展情况，工程所在地金融方面的换汇限制、官方和市场汇率、主要银行及其存款和信贷利率、管理制度等
对自然条件的调查	应着重工程所在地的水文地质情况、交通运输条件、是否多发自然灾害、气候状况如何等
对法律法规和风俗习惯的调查	应着重工程所在地政府对施工的安全、环保、时间限制等各项管理规定，宗教信仰和节假日等
对生产和生活条件的调查	应着重施工现场周围情况，如道路、供电、给排水、通信是否便利，工程所在地的劳务和材料资源是否丰富，生活物资的供应是否充足等

四、调查竞争对手及招标人

1. 调查招标人

对招标人的调查应着重以下几个方面进行：

（1）资金来源是否可靠，避免承担过多的资金风险。

（2）项目开工手续是否齐全，提防有些发包人以招标为名，让投标人免费为其估价。

（3）是否有明显的授标倾向，招标是否仅仅是出于政府的压力而不得不采取的形式。

2. 调查竞争对手

对竞争对手的调查应着重从以下几个方面进行：

（1）了解参加投标的竞争对手有几个，其中有威胁性的都有哪些，特别是工程所在地的承包人，可能会有评标优惠。

（2）根据上述分析，筛选出主要竞争对手，分析其以往同类工程投标方法，惯用的投标策略，开标会上提出的问题等。

投标人必须知己知彼才能制定切实可行的投标策略，提高中标的可能性。

五、不平衡报价策略

工程量清单报价策略，就是保证在标价具有竞争力的条件下，获取尽可能大的经济效益。

采用不平衡报价策略无外乎是为了两个方面的目的：一是为了尽早地获得工程款，二是尽可能多地获得工程款。通常的做法具体有以下几个方面：

（1）适当提高早期施工的分部分项工程单价，如土方工程、基础工程的单价，降低后期施工的分部分项工程单价。

（2）对图纸不明确或者有错误，估计今后工程量会有增加的项目，单价可以适当报高一些；对应地，对工程内容说明不清楚，估计今后工程量会取消或者减少的项目，单价可以报得低一些，而且有利于将来索赔。

（3）对于只填单价而无工程量的项目，单价可以适当提高，因为它不影响投标总价，然后项目一旦实施，利润则是非常可观的。

（4）对暂定工程，估计今后会发生的工程项目，单价可以适当提高；相对应地，估计暂定项目今后发生的可能性比较小，单价应该适当下调。

（5）对常见的分部分项工程项目，如钢筋混凝土、砖墙、粉刷等项目的单价可以报得低一些，对不常见的分部分项工程项目，如刺网围墙等项目的单价可以适当提高一些。

（6）如招标文件要求某些分部分项工程报"单价分析表"，可以将单位分析表中的人工费及机械设备费报得高一些，而将材料费报得低一些。

（7）对于工程量较小的分部分项工程，可以将单价报得低一些，让招标人感觉清单上的单价大幅下降，体现让利的诚意，而这部分费用对于总的报价影响并不大。

不平衡报价可以参考表 8–3 进行。

表 8–3　　　　　　　　　不平衡报价策略表

信息类型	变动趋势	不平衡结果
资金收入的时间	早	单价高
	晚	单价低
清单工程量不准确	需要增加	单价高
	需要减少	单价低
报价图纸不明确	可能增加工程量	单价高
	可能减少工程量	单价低
暂定工程	自己承包的可能性高	单价高
	自己承包的可能性低	单价低
单价和包干混合制项目	固定包干价格项目	单价高
	单价项目	单价低
单价组成分析表	人工费和机械费	单价高
	材料费	单价低
议标时招标人要求压低单价	工程量大的项目	单价小幅度降低
	工程量小的项目	单价较大幅度降低
工程量不明确报单价的项目	没有工程量	单价高
	有假定的工程量	单价适中

六、低价格投标策略

先低价投标，而后赢得机会创造第二期工程中的竞争优势，并在以后的实施中盈利；某些施工企业其投标的目的不在于从当前的工程上获利，而是着眼于长远的发展；在较长时期内，投标人没有在建的工程项目，如果再不得标，就难以维持生存。因此，虽然本工程无利可图，只要能有一定的管理费维持公司的日常运转，就可设法渡过暂时的困难，再图发展。

七、多方案报价法

对于一些招标文件，如果发现工程范围不是很明确，条款不清楚或很不公正，或技术规范要求过于苛刻，则要在充分估计投标风险的基础上，按多方案报价法处理。即按原招标文件报一个价，然后再提出，如××条款做哪些变动，报价可降低多少，由此可报出一个较低的价。这样可以降低总价，吸引招标人。

第九章

提升技能之工程签证

第一节 工程签证的分类

一、工程签证的概述

按承发包合同约定，工程签证一般由甲乙双方代表就施工过程中涉及合同价款之外的责任事件所做的签认证明。它不属于洽商范畴，但受洽商变更影响而额外（超正常）发生的费用，或由一方受另一方要求（委托），或受另一方工作影响造成一方完成超出合约规定工作而发生的费用。

工程签证从另一角度讲，是建设工程合同的当事人在实际履行工程合同中，按照合同的约定对涉及工程的款项、工程量、工程期限、赔偿损失等达成的意思表示一致的协议，从法律意义上讲是原工程合同的补充合同。建设工程合同在实际履行过程中，往往会对工程合同进行部分变更，这是因为合同签约前考虑的问题再全面，在实际履行中往往免不了要发生根据工程进展过程中出现的实际情况而对合同事先约定事项的部分变动，这些变动都需要通过工程签证予以确认。

二、工程签证的分类

从工程签证的表现形式来分，施工过程中发生的签证主要有三类，即设计修改变更通知、工程联系单和现场经济签证。

1. 设计修改变更通知

由原设计单位出具的针对原设计所进行的修改和变更，一般不可以对规模（如建筑面积、生产能力等）、结构（如砖混结构改框架结构等）、标准（如提高装修标准、降低或提高抗震、防洪标准等）做出修改和变更，否则要重新进入设计审查程序。

在工程实践中，监理（造价工程师）一般对于设计变更较为信任。在很多工程的设计合同中，会对设计修改和变更引起造价达到一定比例后，会核减设计费，因此设计单位对于设计变更会十分谨慎或尽量不出。

此外，有些管理较严格的公司，要求设计变更也要重新办理签证，设计变更不能直接作为费用结算的依据，当合同有此规定时应从合同规定。设计变更单参考格式见表 9–1。

表 9–1   设计变更通知单

设计单位		设计编号	
工程名称			
内容：			
设计单位（公章）：	建设单位（公章）：	监理单位（公章）：	施工单位（公章）：
代表：	代表：	代表：	代表：

2. 工程联系单

对于工程联系单，建设单位、施工单位以及第三方都可以使用，其较其他指令形式缓和，易于被对方接受。常见的有设计联系单、工程联系单两种。

（1）设计联系单。主要指设计变更、技术修改等内容。设计联系单须经建设单位审阅后再下发施工单位、监理单位。其签证流程是：设计院→业主→监理单位→施工单位。

（2）工程联系单。一般是在施工过程中由建设单位提出的，也可由施工单位提出，包括无价材料、土方、零星点工签证等内容。主要是解决因建设单位提出的一些需要更改或变化的事项。工程联系单的签发要慎重把握，应按建设单位内控程序逐级请示领导。其签证流程有两种。

流程1：业主→监理单位→施工单位。

流程2：施工单位→监理单位→业主→施工单位。

工程联系单的参考形式见表9–2。

表9–2   工 程 联 系 单

工程名称		施工单位	
主送单位		联系单编号	
事由		日期	

内容：

建设单位：	施工单位：
年 月 日	年 月 日

（3）现场经济签证。一般现场经济签证都是由施工单位提出的，针对在施工过程中，现场出现的问题和原施工内容、方法出入，以及额外的零工或材料二次倒运等，经建设单位（或监理）、设计单位同意后作为调价依据。

凡由甲乙双方授权的现场代表及工程监理人员签字（盖章）的现场签证（规定允许的签证），即使在工程竣工结算时，原来签字（盖章）的人已经调离该项目，其所签具的签证仍然有效。

设计变更与现场签证是有严格划分的。属于设计变更范畴的应该由设计部门下发通知单，所发生的费用按设计变更处理，不能由于设计部门为了怕设计变更数量超过考核指标或者怕麻烦，而把应该发生变更的内容变为现场签证。

现场签证应由甲乙双方现场代表及工程监理人员签字（盖章）的书面材料为有效签证。施工现场签证单的格式可参考表9-3。

表9-3 **施工现场签证单**

施工单位：

单位工程名称	建设单位名称	
分部分项名称		

内容：

施工负责人：

　　　　　　　　　　　　　　年　　月　　日

建设单位意见：

建设单位代表（签章）

　　　　　　　　　　　　　　年　　月　　日

现场签证单如果涉及材料的话，还应该办理材料价格签证单，具体格式可以参考表9-4。

表 9–4 材料价格签证单

工程名称：

序号	材料名称	部位	规格	数量	单位	购买日期	购买申报价	签证价格

施工单位意见：	监理单位意见：	建设单位意见：
签字（盖章）	签字（盖章）	签字（盖章）
日期	日期	日期

第二节　工程签证的发生情况及签证技巧

一、工程签证的发生情况

（1）工程地形或地质资料变化。

（2）地下水排水施工方案及抽水台班。地基开挖时，如果地下水位过高，排地下水所需的人工、机械及材料必须签证。

（3）现场开挖障碍处理。现场开挖管线或其他障碍处理（如要求砍伐树木和移植树木）。

（4）土石方转运。因现场环境限制，发生土石方场内转运、外运及相应运距。

（5）材料二次转堆。材料、设备、构件超过定额规定运距的场外运输，待签证后按有关规定结算；特殊情况的场内二次搬运，经建设单位驻工地代表确认后签证。

（6）场外运输。材料、设备、构件的场外运输。

（7）机械设备。

1）备用机械台班的使用，如发电机等。

2）工程特殊需要的机械租赁。

3）无法按定额规定进行计算的大型设备进退场或二次进退场费用。

（8）由于设计变更造成材料浪费及其他损失。工程开工后，工程设计变更给施工单位造成的损失。

1）如施工图纸有误，或开工后设计变更，而施工单位已开工或下料造成的人工、材料、机械费用的损失。

2）如设计对结构变更，而该部分结构钢筋已加工完毕等。

3）工程需要的小修小改所需要人工、材料、机械的签证。

（9）停工或窝工损失。

1）由于建设单位责任造成的停水、停电超过定额规定的范围。在此期间工地所使用的机械停滞台班、人工停窝工，以及周转材料的使用量都要签证清楚。

2）由于拆迁或其他建设单位、监理单位因素造成工期拖延。

（10）不可抗力造成的经济损失。工程实施过程中所出现的障碍物处理或各类工期影响，应及时以书面形式报告建设单位或监理单位，作为工程结算调整的依据。

（11）建设单位供料不及时或不合格给施工单位造成的损失。施工单位在包工包料工程施工中，由于建设单位指定采购的材料不符合要求，必须进行二次加工的签证以及设计要求而定额中未包括的材料加工内容的签证。建设单位直接分包的工程项目所需的配合费用。

（12）续建工程的加工修理。建设单位原发包施工的未完工程，委托另一施工单位续建时，对原建工程不符合要求的部分进行修理或返工的签证。

（13）零星用工。施工现场发生的与主体工程施工无关的用工，如定额费用以外的搬运拆除用工等。

（14）临时设施增补项目。临时设施增补项目应当在施工组织设计中写明，按现场实际发生的情况签证后，才能作为工程结算依据。

（15）隐蔽工程签证。由于工程建设自身的特性，很多工序会被下一道工序覆盖，涉及费用增减的隐蔽工程一些管理较严格的建设单位也要求工程签证。

（16）工程项目以外的签证。建设单位在施工现场临时委托施工单位进行工程以外的项目的签证。

二、工程签证技巧

1. 不同签证的优先顺序

在施工过程中施工单位最好把有关的经济签证通过艺术、合理、变通的手段变成由设计单位签发的设计修改变更通知单，实在不行也要成为建设单位签发的工程联系单，最后才是现场经济签证。这个优先顺序作为施工单位的造价人员一定要非常清楚，这会涉及自己提供的经济签证的可信程度。

设计变更（设计单位发出）＞工程联系单（建设单位发出）＞现场经济签证（施工单位发起）

设计单位、建设单位出具的手续在工程审价时可信度要高于施工单位发起出具的手续。

2. 施工单位办理签证的技巧

（1）尽量明确签证内容。在填写签证单时，施工单位要使所签内容尽量明确，能确定价格最好。这样在竣工结算时，建设单位审减的空间就大大减少，施工单位的签证成果就能得到有效固定。

（2）注意签证的优先顺序。施工企业填写签证时按图 9–1 所示的优先顺序确定填写内容。

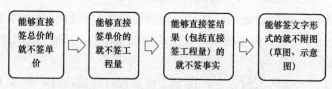

图 9–1　施工单位签证内容填写顺序

（3）签证填写的有利原则。施工企业按有利于计价、方便结算的原则填写涉及费用的签证。如果有签证结算协议，填到内容与协议约定计价口径一致；如果没有签证协议，按原合同计价条款或参考原协议计价方式计价。另外，签证方式要尽量围绕计价依据（如定额）的计算规则办理。

（4）不同类型签证内容的填写。根据不同合同类型签证内容，施工企业尽量有针对性地细化填写，具体内容如下：

（1）可调价格合同至少要签到量。

（2）固定单价合同至少要签到量、单价。

（3）固定总价合同至少要签到量、价、费。

（4）成本加酬金合同至少要签到工、料（材料规格要注明）、机（机械台班配合人工问题）、费。

（5）有些签证中还要注明列入税前造价或税后造价。

第三节　工程中常用的签证

一、工程量签证

1. 施工单位工程量签证技巧

在目前的工程施工现场中，施工单位一般在专业技术上要强于建设单位，因此，在一些特定的情况下，施工单位往往可以采用一些"技巧"，合理地增加工程量签证。

（1）当某些合同外工程急需处理时，施工单位往往可以抬高工程量，并要求签证。

（2）当处理一些复杂、耗时较长的合同外工程时，施工单位可以经常请建设单位代表、监理去现场观看，等工程处理完（一般不超过签证时效），再去签证。

（3）对某些非关键部位但影响交通等的工程，可以适当放缓进度，很多时候，建设单位为了要求施工单位尽快完工，腾出交通通道，通常会要求施工单位赶工，这样施工单位就可以名正言顺地要求签证赶工措施费。

（4）地下障碍物以及建好需拆除的临时工程，可以等拆除后再签证。

2. 工程量签证的审核

工程量签证审核的具体内容见表9-5。

表9-5　　　　　　　　　　工程量签证审核的内容

名称	内　　容
真实性审核	签证有无双方单位盖章，印章是否伪造，复印件与原件是否一致等是真实性审核的重要内容。签证真实性的审核要重点审查签证单所附的原始资料。例如，停电签证可以到电力部门进行核实，看签证是否与电力部门的停电日期、停电起止时间记录相吻合
合理性审核	一些施工单位为了中标，在招标时采取压低造价，在施工中又以各种理由，采取洽商签证的方法补回经济损失。所以对施工单位签证的合理性必须认真审核
实质性审核	对于工程量的签证，审核时必须到现场逐项丈量、计算、逐笔核实。特别是对装饰工程和附属工程的隐蔽部分应作为审核的重点。因为这两部分往往没有图纸或者图纸不是很明确，而事后勘察又比较困难。在必要的情况下，审核人员在征得建设单位和施工单位双方同意的情况下，进行破坏性检查，以核准工程量

二、材料价格签证

1. 材料价格签证

正常情况下，设计图纸对一些主材、装饰材料只能指定规格与品种，而不能指定生产厂家。目前市场上的伪劣产品较多，不同的厂家和型号，价格差异比较大，特别是一些高级装饰材料。所以对主要材料，特别是材料按实调差的工程，进场前必须征得建设单位同意，对于一些工期较长的工程，期间价格涨跌幅度较大，必须分期多批对主要建材与建设单位进行价格签证。

2. 材料价格签证确认的方法

相对于其他签证来说，材料价格签证的确认是比较难的。客观上，各地区《价格信息》对普及性材料有明确指导价，而对装饰材料的价格没有明确指导，由于其品种、质量、产地的不同，导致了价格的千差万别，建设单位也不能清晰、具体地提供材料的详细资料。比较可行的办法是通过市场，寻求最接近实际情况的价格，以事实证据取得各方的一致认可。

（1）调查材料价格信息的方法见表9-6。

表9-6 调查材料价格信息的方法

方法	内　　容
市场调查	市场调查法的特点是获取信息直接、相对来说较准确，有说服力，实际效果较好
电话调查	对于异地购买的材料、新兴建筑材料、特种材料，或在审核时间紧的情况下，可采用与类似生产厂家或经销商进行电话了解，询得采购价格
上网查询	在网上查询了解材料价格，具有方便、快捷的特点
当事人调查	材料真实采购价格，施工单位对外常常会加以封锁，审核人员要搞准具体价格，还要调查可能的不同知情者，如参与考察的人员、建设单位代表以及业内人士等，以便定价时参考

（2）取定材料价格的方法。调查取得价格信息资料后，就要

对这些资料进行综合分析、平衡、过滤，从而取定最接近客观实际并符合审价要求的价格。

1）考虑调查价格与实际购买价格的差异。一般情况下，大宗订购材料价格应低于市场价格一定比例，零购材料价格不应高于市场价格。

此外，材料价格是具有时间性的，应以施工期内的市场实际价格作为计算的依据。

2）参考其他价格信息。取定材料价格时还应综合考虑下面几种价格资料，内容见表 9-7。

表 9-7　　　　　　　　　取定材料价格是考虑的因素

名称	内　容
参考信息价	各地区定期发布《建筑材料价格信息》指导价
参考发票价	在市场调查的基础上，可作为参考的依据之一
参考口头价	口头价格的可信度要低一些，更应慎重取舍
参考定额	一般来说土建材料与市场差异不大，但许多装饰材料则可能出入较大，应分别对待
其他工程中同类建材价格	在同期建设的工程中，已审定工程中所取定的材料价格，可作为材料价格取定参照，甚至可以直接采用

3）理论测算法。在工程实际中，因非标（件）设备引起的纠纷也是时有发生的，这种纠纷的发生多数因对计价方法的认知不同。

非标（件）设备的价格计算方法有系列设备插入估价法、分布组合估价法、成本计算估价法、定额估价法。

一般情况下，审核的时候多采用更接近实际价格的成本计算估价法，包括材料费、加工费、辅助材料费、专用工具费、废品损失费、外购配套件费、包装费、利润、税金、设计费等。

3. 取价策略

（1）做好相关准备。

1）调查之前，应对材料的种类、型号、品牌、数量、规格、产地及工程施工环境、进货渠道进行初步了解。掌握这些因素与价格的差异关系，有利于判断价格的准确性。

2）掌握所调查材料相关知识，防止实际用低等级材料，而结算按高等级材料计价。

3）掌握施工单位材料的进货渠道及供货商情况，以便实施调查时有的放矢。

（2）注意方法策略。审价人员在询问时不仅要给对方以潜在顾客的感觉，还要注意对不同调查对象进行比较，如专卖店与零售店，大经销商与小经销商之间的价格差异。

（3）平时注意收集资料。审核人员在平时工作中就应留意收集价格信息，同一材料价格在不同工程上可以互为借鉴。重视市场材料价格信息的变化，建立价格信息资源库，使用时及时取用。

三、综合单价签证

1. 综合单价使用原则

清单计价方法下，在工程设计变更和工程外项目确定后7个工作日内，设计变更、签证涉及工程价款增加的，由施工单位向建设单位提出，涉及工程价款减少的，由建设单位向施工单位提出，经对方确认后调整合同价款。变更合同价款按下列方法进行：

（1）当投标报价中已有适用于调整的工程量的单价时，按投标报价中已有的单价确定。

（2）当投标报价中只有类似于调整的工程量的单价时，可参照该单价确定。

（3）当投标报价中没有适用和类似于调整的工程量的单价时，由施工单位提出适当的变更价格，经与建设单位或其委托的代理人（建设单位代表、监理工程师）协商确定单价；协商不成，报工程造价管理机构审核确定。

2. 单价报审程序

（1）换算项目。在工程实际施工过程中，不少材料的调整，在定额计价模式下，只要进行子目变更或换算即可，但在清单模式下，特别是固定单价合同，单价的换算必须经过报批，并且需要注意以下几个问题：

1）每个单价分析明细表中费用的费率都必须与投标时所承诺的费率一致。

2）换算后的材料消耗量必须与投标时一致，换算前的材料单价应在"备注"栏注明。

3）换算项目单价分析表必须先经过监理单位和建设单位计财合同部审批后再按顺序编号页码附到结算书中，其格式见表9-8和表9-9。

表9-8　　　　　　　　　换算项目综合单价报批汇总表

工程名称：

序号	清单编号	项目名称	计量单位	报批单价	备注

编制人：　　　　　　　　　　　　　　　　复核人：

表 9–9 **换算项目综合单价分析表**

工程名称：

编制单位：（盖章）　　　　　　　　　　　　　监理单位：（盖章）

清单编号：

项目名称：

工程（或工作）内容：

序号	项目名称	单位	消耗量	单价	合价	备注
1	人工费（$a+b+\cdots$）	元				
a						
b						
	······					
2	材料费（$a+b+\cdots$）	元				
a						
b						
	······					
3	机械使用费（$a+b+\cdots$）	元				
a						
b						
	······					
4	管理费（1+2+3）×（　）%					
5	利润（1+2+3+4）×（　）%	元				
6	合计：（1–5）	元				

编制人：　　　　　　　　　　　　　　复核人：

监理单位造价工程师：　　　　　　　　业主单位造价部：　　　　　　（经办人签字）

　　　　　　　　　　　　　　　　　　　　　　　　　　　　　　（复核人签字）

　　　　　　　　　　　　　　　　　　　　　　　　　　　　　　（盖　　　章）

（2）类似项目。当原投标报价中没有适用于变更项目的单价时，可借用类似项目单价，但同样需要进行报批。

1）每个单价分析明细表中费用的费率都必须与投标时类似清单项目的费率一致。

2）原清单编号为投标时相类似的清单项目。

3）类似项目单价分析表必须先经过监理单位和建设单位计

财合同部审批后再按顺序编号页码附到结算书中，其格式见表
9–10 和表 9–11。

表 9–10　　　　　　　类似项目综合单价报批汇总表

工程名称：

序号	清单编号	项目名称	计量单位	报批单价	备注

编制人：　　　　　　　　　　　　　　　　复核人：

表 9–11　　　　　　　　类似项目综合单价分析表

工程名称：

编制单位：（盖章）　　　　　　　　　　　监理单位：（盖章）

清单号：			原清单编号				
项目名称：			计量单位				
工程（或工作）内容：			综合单价				
序号	项目名称	单位	消耗量	单价	合价	备注
1	人工费（$a+b+\cdots$）	元				
a						
b						
	……					
2	材料费（$a+b+\cdots$）	元				
a						
b						
	……					
3	机械使用费（$a+b+\cdots$）	元				
a						
b						
	……					

序号	项目名称	单位	消耗量	单价	合价	备注
4	管理费（1+2+3）×（　　）%					
5	利润（1+2+3+4）×（　　）%	元				
6	合计：（1-5）	元				

编制人：　　　　　　　　　　　　　　　复核人：

监理单位造价工程师：　　　　　　　　　业主单位造价部：　　　（经办人签字）

　　　　　　　　　　　　　　　　　　　　　　　　　　　　　（复核人签字）

　　　　　　　　　　　　　　　　　　　　　　　　　　　　　（盖　　　章）

（3）未列项目。当原投标报价中没有适用或类似项目单价时，施工单位必须提出相应的单价报审，其实相当于重新报价。

1）每个单价分析明细表中费用的费率都必须与投标时所承诺的费率一致。

2）双方应事前在招投标阶段协商确定"未列项目（清单外项目）取费标准"或达成参考某定额、费用定额计价。未列项目单价分析表中的取费标准按投标文件表"未列项目（清单外项目）收费明细表"执行；

3）参照定额如根据定额要求含量需要调整的应在备注中注明调整计算式或说明计算式附后；

4）未列项目单价分析表必须先经过监理单位和建设单位计财合同部审批后再按顺序编号页码附到结算书中，其格式见表9-12和表9-13。

表9-12　　　　　　　　未列项目综合单价报批汇总表

工程名称：

序号	清单编号	项目名称	计量单位	报批单价	备注

序号	清单编号	项目名称	计量单位	报批单价	备注

编制人：　　　　　　　　　　　　　　　复核人：

表 9–13　　　　　　　　　未列项目综合单价分析表

工程名称：

编制单位：（盖章）　　　　　　　　　　监理单位：（盖章）

清单编号：		参考定额	
项目名称：		计量单位	
工程（或工作）内容：		综合单价	

序号	项目名称	单位	消耗量	单价	合价	备注
1	人工费（$a+b+\cdots$）	元				
a						
b						
	……					
2	材料费（$a+b+\cdots$）	元				
a						
b						
	……					
3	机械使用费（$a+b+\cdots$）	元				
a						
b						
	……					
4	管理费（1+2+3）×（　）%					

序号	项目名称	单位	消耗量	单价	合价	备注
5	利润（1+2+3+4）×（ ）%	元				
6	合计：（1–5）	元				

编制人：　　　　　　　　　　　　　　　复核人：

监理单位造价工程师：　　　　　　　　　业主单位造价部：　　（经办人签字）

　　　　　　　　　　　　　　　　　　　　　　　　　　　　（复核人签字）

　　　　　　　　　　　　　　　　　　　　　　　　　　　　（盖　　章）

参 考 文 献

[1] 全国统一建筑工程基础定额（土建工程）（GJD—101—1995）[S]. 北京：中国计划出版社，1995.

[2] 全国统一安装工程预算定额（GYD—208—2000）[S]. 北京：中国计划出版社，2000.

[3] 建设工程工程量清单计价规范（GB 50500—2013）[S]. 北京：中国计划出版社，2013.

[4] 闵玉辉. 建筑工程造价速成与实例详解 [M]. 2版. 北京：化学工业出版社，2013.

[5] 张毅. 工程建设计量规则 [M]. 2版. 上海：同济大学出版社，2003.

[6] 张晓钟. 建设工程量清单快速报价实用手册 [M]. 上海：上海科学技术出版社，2010.

[7] 戴胡杰，杨波. 建筑工程预算入门 [M]. 合肥：安徽科学技术出版社，2009.

[8] 苗曙光. 建筑工程竣工结算编制与筹划指南 [M]. 北京：中国电力出版社，2006.

[9] 袁建新，朱维益. 建筑工程识图及预算快速入门 [M]. 北京：中国建筑工业出版社，2008.